Technische Chemie für Maschinenbauschulen

Ein Lehr- und Hilfsbuch
für Maschinen- und Elektrotechniker, sowie für den Unterricht
an höheren und niederen Maschinenbauschulen und verwandten
technischen Lehranstalten

von

Prof. Dr. Siegfried Jakobi

Diplom-Ingenieur, Oberlehrer der vereinigten
Maschinenbauschulen Elberfeld-Barmen

Zweite, ergänzte und verbesserte Auflage

Mit 101 Abbildungen

Springer-Verlag Berlin Heidelberg GmbH

1920

ISBN 978-3-662-42059-1   ISBN 978-3-662-42326-4 (eBook)
DOI 10.1007/978-3-662-42326-4

Vorwort zur ersten Auflage.

Gelegentlich der Verhandlungen des „Deutschen Ausschusses für technisches Schulwesen" wurden bei den Beratungen über die Maschinenbauschulen an die industriellen Kreise Rundfragen gerichtet betreffs der Organisation und des Unterrichts dieser Anstalten. — Unter den vielen wertvollen Anregungen, die in den darauf eingehenden Antworten enthalten waren, fand sich auch der Wunsch, den Lehrstoff des chemischen Unterrichts zu einer Betriebschemie auszugestalten. — Die vorliegende Arbeit zeigt, wie dieses Ziel praktisch erreichbar ist.

Es gibt drei verschiedene Gesichtspunkte, von denen aus man den chemischen Unterricht an unseren Maschinenbauschulen behandeln kann, nämlich erstens als allgemein bildendes Fach, gewissermaßen als „Realschulchemie", mit gelegentlichen Einschaltungen von chemischen Problemen, die ein besonderes maschinentechnisches Interesse haben; zweitens Aufbau des Unterrichts als reine chemische Technologie, mit Rücksicht auf den Umstand, daß die Absolventen unserer Anstalten später häufig in der chemischen Industrie Stellung finden. — Der dritte, an den preußischen Anstalten vertretene Standpunkt geht dahin, die Chemie ausschließlich in ihrer Bedeutung für den Maschinenbau und die Elektrotechnik zu behandeln, also eine Betriebschemie zu unterrichten [1]).

Abgesehen von einigen Ergänzungen bringt das vorliegende Werk im wesentlichen das Pensum des Chemieunterrichts unserer Maschinenbauschulen [2]).

Sehr wünschenswert wäre es, wenn der Vortrag durch chemische Laboratoriumsübungen ergänzt würde, was bisher nur vereinzelt geschieht. — Dieses Praktikum, das nach dem Prinzip des um den naturwissenschaftlichen Unterricht hochverdienten Barmer Realschuldirektors Prof. Dannemann so einzurichten wäre, daß das Experiment des Lehrers durch dasjenige des Schülers ersetzt oder wenigstens ergänzt wird, könnte nicht nur das Verständnis für chemische Vorgänge vertiefen, sondern es wäre auch eine gute Vorbereitung für den späteren

---

[1]) Vgl. Ministerialerlaß IV 8942 vom 26. Juli 1910 betr. die Organisation der Kgl. Preuß. Maschinenbauschulen.

[2]) An den niederen Maschinenbauschulen werden die theoretischen Betrachtungen wesentlich gekürzt vorgetragen.

Unterricht im physikalischen, elektrotechnischen und Maschinenbaulaboratorium, indem die Schüler sich frühzeitig eine gewisse Geschicklichkeit im Experimentieren aneignen könnten. Vielleicht ließe sich später, wenn hinsichtlich dieser chemischen Übungen eine längere Erfahrung vorliegt, bei einer Lehrplanänderung ein derartiges Praktikum an unseren Maschinenbauschulen einführen.

Indem ich das Buch der Öffentlichkeit übergebe, richte ich an die im Lehrberuf, sowie in der Praxis tätigen Herren Fachkollegen, die ganz ergebenste Bitte, mir freundlichst die Erfahrungen mitteilen zu wollen, die sie bei Benutzung dieses Werkes gemacht haben. Jede Anregung zu späteren Verbesserungen wird mir willkommen sein.

Ferner ist es mir eine angenehme Pflicht, auch an dieser Stelle den nachbenannten Firmen und im Betrieb tätigen Herren für die liebenswürdige Unterstützung und Förderung der vorliegenden Arbeit meinen allerverbindlichsten Dank auszusprechen:

Autogenwerk Sirius, Düsseldorf (Schweißapparate),
Gustav Barthel, Dresden (Lötapparate),
Chem. Fabrik Carbonium, Offenbach a. M. (Wasserstofferzeugung),
Chem. Fabrik Griesheim-Elektron, Frankfurt a. M. (Schweißapparate),
A. L. G. Dehne, Maschinenfabrik, Halle a. S. (Speisewasserreiniger),
Deutzer Gasmotorenfabrik, Cöln-Deutz (Generatorgasanlagen),
Jean Frisch & Co., Düsseldorf (Lötapparate, Apparate für flüssige Luft),
Farbenfabriken vorm. Friedr. Bayer & Co., Elberfeld (künstl. Gummi),
Revisionsingenieur Paul Fischer, Barmen,
Gesellschaft für Lindes Eismaschinen, Wiesbaden (Luftverflüssigungs-
    und Eismaschinen),
Th. Goldschmidt, A.-G., Essen (Ruhr) (Thermitverfahren),
Internationale Galalith-Gesellschaft Hoff & Co., Harburg (Galalith),
Paul Kyll, Maschinenfabrik, Cöln a. Rh. (Speisewasserreiniger),
Luftschiffbau Zeppelin G. m. b. H., Friedrichshafen a. B. (Wassterstoff-
    erzeugung),
Permutit-Filter-Co., Berlin (Speisewasserreiniger),
Hans Reisert, Armaturenfabrik, Cöln a. Rh. (Speisewasserreiniger),
Wwe. Joh. Schumacher, Cöln a. Rh. (Acetylenschweißapparate),
Ozongesellschaft, Berlin (Ozonapparate),
Direktor Dr.-Ing. S. Werner, Elberfeld,
Revisionsingenieur G. Wirthwein, Barmen.
Zentralbureau für Acetylen und autogene Metallbearbeitung, Nürnberg.

Schließlich spreche ich auch noch dem Springerschen Verlag für die sorgfältige Drucklegung und sachgemäße Ausstattung des Werkes meinen ganz ergebensten Dank aus.

Elberfeld, im August 1913.

Jakobi.

Vorwort zur zweiten Auflage.

Die freundliche Aufnahme, die die erste Auflage dieses Lehrbuches gefunden hat, beweist zu meiner Freude, daß der von mir eingeschlagene Weg zur Erteilung des chemischen Unterrichts an den Maschinenbauschulen als richtig anerkannt wird.

Dankbarlichst habe ich in der vorliegenden zweiten Auflage alle Ergänzungs- und Verbesserungsvorschläge berücksichtigt, die mir aus dem Kreise der Herren Fachgenossen freundlichst mitgeteilt wurden. Auch in Zukunft werde ich gern derartigen Anregungen Rechnung tragen. Der Fabrik physikalisch-chemischer Apparate von Franz Hugershoff in Leipzig bin ich für die gefl. Überlassung von Bildstöcken zu besonderem Dank verpflichtet, ebenso den im Vorwort zur ersten Auflage genannten Firmen.

Die Forderung der Gegenwart berücksichtigend, an den Maschinenbauschulen in allen Unterrichtsfächern geeignete Fragen der Staatsbürgerkunde zu behandeln, habe ich einige wirtschaftliche Bemerkungen eingeschaltet, soweit dies ohne Vergrößerung des Umfanges des Buches möglich war.

Elberfeld, im Februar 1920.

Jakobi.

Inhaltsverzeichnis.

I. Einleitung.

1. Die Chemie als technische Wissenschaft.

Die Tätigkeit des Technikers besteht in der Lösung der Aufgabe, die Naturkräfte und Naturschätze der Allgemeinheit nutzbar zu machen.

Der Winddruck, wie das Gefälle des Wassers, werden in Motoren zur Arbeitsleistung gebracht, die zum Bau der Maschinen erforderlichen Metalle aus den im Erdinnern vorkommenden Erzen gewonnen. Andere Naturschätze, wie die Kohlen und Erdölbestandteile, enthalten Kräfte aufgespeichert, die bei der Verbrennung dieser Stoffe in der Dampfmaschinenanlage bzw. in der Verbrennungskraftmaschine in Erscheinung treten.

Aus diesen Beispielen, die sich leicht vervielfachen ließen, ergibt sich, daß die Grundlage jeder technischen Tätigkeit eine genaue Kenntnis aller in Betracht kommenden Naturgesetze sein muß, also die eingehende Vertrautheit mit der Naturlehre. Der Techniker muß z. B. die Gesetze des Gleichgewichts und der Bewegung kennen, wie auch diejenigen des Luftdrucks und der Wärmewirkungen, ferner die Erscheinungen der Elektrizität und des Magnetismus. Andererseits soll der Techniker aber auch mit der stofflichen Zusammensetzung der zu bearbeitenden Maschinenteile vertraut sein, er muß wissen, welche Beimengungen den zu Bauzwecken verwendeten Metallen nützlich bzw. schädlich sind, ebenso die geeignete Zusammensetzung der Schmiermittel, die Bedingungen, unter denen das Wasser für die Kesselspeisung geeignet ist, ferner die Bestandteile der Rauchgase bei richtiger und bei unwirtschaftlicher Ausnutzung der Brennstoffe u. a. m. Die Tätigkeit des Technikers umfaßt somit im wesentlichen die praktische Anwendung der Naturgesetze.

2. Physikalische und chemische Vorgänge.

Die oben angeführten Beispiele zur Naturlehre aus dem Gebiete der Technik sind aber von sehr verschiedener Art, sie gehören teils in das Gebiet der Physik, teils in dasjenige der Chemie.

Zur Ermittelung der gesetzmäßigen Unterschiede zwischen Physik und Chemie, den beiden Zweigen der Naturlehre, dienen folgende Versuche:

a) Ein Platindraht wird in einer nicht leuchtenden Gasflamme erwärmt; er beginnt zu glühen. Beim Entfernen aus der Flamme hört das Glühen auf, und der Draht ist genau wie vor dem Versuch. — Mit der Ursache, der Wärme, hat auch die Wirkung, das Glühen, aufgehört.

b) Ein Magnesiumdraht unter gleichen Bedingungen in die Flamme gehalten, verbrennt helleuchtend zu einer weißen Asche, offenbar einem ganz neuen Stoff, den der Chemiker als Magnesiumoxyd bezeichnet, entstanden durch Vereinigung des Magnesiums mit dem in der Luft enthaltenen Sauerstoff. Die Ursache ist auch hier die Wärme, die Wirkung dagegen die Bildung der weißen Asche. Die Wirkung hört hier mit der Ursache nicht auf.

c) In einer Kochflasche bringen wir Wasser zum Sieden. Leiten wir den Dampf durch eine kühle Glasröhre, so wird er kondensiert, d. h. er verwandelt sich wieder in Wasser. Mit der Ursache, der Wärme, hat hier auch die Wirkung, die Dampfbildung, aufgehört; es ist wieder der Übergang vom luftförmigen in den flüssigen Aggregatzustand erfolgt[1]).

d) Der nebenstehende Apparat (Abb. 1) ist mit angesäuertem Wasser gefüllt, das nach dem Gesetz von den kommunizierenden Röhren in allen drei Schenkeln gleich hoch steht, und zwar ist die Flüssigkeitsmenge so eingestellt, daß sie gerade bis zu den Hähnen der beiden äußeren Schenkel reicht. In diese letzteren sind durch die Glaswand Platindrähte geführt, die in Platinblechen (sogenannten Elektroden) endigen. Die Drahtklemmen werden nun mit einer elektrischen Stromquelle (Gleichstrom von etwa 20 Volt) verbunden und die erwähnten Hähne geschlossen.

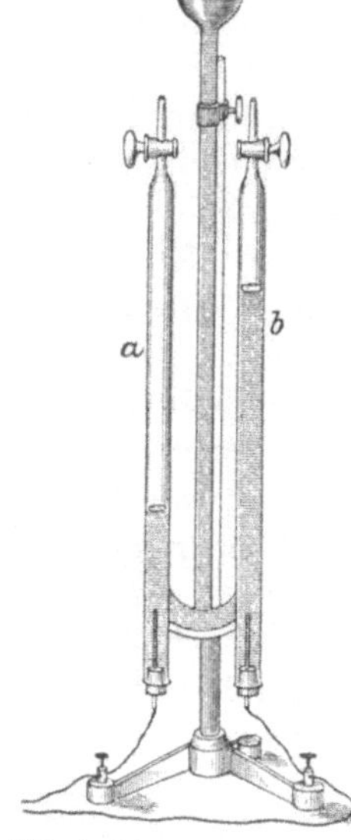

Abb. 1. Wasserzersetzung[2]).

Bald sehen wir, daß sich von beiden Platinblechen aus luftförmige Stoffe, ohne Temperaturerhöhung, entwickeln und, in den Schenkeln emporsteigend, die Flüssigkeit in die kugelförmige Erweiterung des mittleren Schenkels drängen. Die gebildeten luftförmigen Körper sind offenbar Gase; denn Gase sind bei gewöhnlicher Temperatur und normalem Druck luftförmig (z. B. Leuchtgas), Dämpfe dagegen unter gleichen Bedingungen flüssig oder fest (z. B. Wasserdampf, Schwefel-

---

[1]) Der Aggregatzustand ist die Form (fest, flüssig oder luftförmig), in der die uns umgebenden Stoffe in Erscheinung treten.

[2]) Obige Abbildung sowie Abb. 7, 37, 54 und 55 aus Müller, Anfangsgründe der Chemie.

dampf). Bei diesem Versuch kann also nicht, wie beim vorigen, Wasserdampf entstanden sein. Öffnen wir nun den Hahn des Schenkels (a), der genau doppelt so viel Gas enthält, wie der andere (b), und füllen das entweichende Gas in ein einseitig zugeschmolzenes Röhrchen (Reagenzglas), so bemerken wir, daß dieses Gas beim Entzünden unter mehr oder minder heftigem Knall mit bläulicher Flamme verbrennt, wobei am Reagenzglas nachher Wassertröpfchen hängen. Das Gas ist der eine Bestandteil des Wassers, der Wasserstoff. Beim Entzünden des Wasserstoffes vereinigt er sich mit dem Sauerstoff der Luft wieder zu Wasser. Nähern wir nun dem Hahne des anderen Schenkels einen glimmenden Span und lassen das Gas entweichen, so beginnt der Span hell aufleuchtend zu brennen; das Gas ist Sauerstoff, der andere Bestandteil des Wassers. — Das Wasser ist also durch den elektrischen Strom in seine Bestandteile, Wasserstoff und Sauerstoff, zerlegt worden. Bei diesem Vorgang hört mit der Ursache die Wirkung nicht auf.

Beim ersten und dritten Versuch sehen wir, daß mit der Ursache des Vorgangs auch die Wirkung aufhört, und daß die verwendete Masse nach dem Versuch genau wie vorher beschaffen ist.

Bei dem zweiten und vierten Versuch hat dagegen mit der Ursache die Wirkung nicht aufgehört, und die dabei verwendete Masse hat eine stoffliche Veränderung erfahren.

Wir bezeichnen die Erscheinungen beim ersten und dritten Versuch als physikalischen, beim zweiten und vierten als chemischen Vorgang, die beide im allgemeinen wie folgt unterschieden werden können:

Physikalische Vorgänge sind Veränderungen des Zustandes (nicht der stofflichen Zusammensetzung) der Körper. Bei diesen Vorgängen hört mit der Ursache auch die Wirkung auf.

Chemische Vorgänge dagegen sind Veränderungen der stofflichen Zusammensetzung der Körper. Bei diesen Vorgängen hört mit der Ursache die Wirkung nicht auf, sondern bleibt fortbestehen.

Während wir ferner physikalische Vorgänge mit unseren Sinnesorganen wahrnehmen können, ist dies bei chemischen Vorgängen nicht der Fall, wir beobachten nicht die stoffliche Umsetzung selbst, sondern nur ihre physikalischen Folgeerscheinungen, wie Änderungen des Aggregatzustandes, der Farbe u. a. m.

3. Analyse und Synthese.

Der Verlauf der beiden beschriebenen chemischen Versuche ist aber ein ganz verschiedener gewesen; bei dem einen sind Magnesium und Sauerstoff zu Magnesiumoxyd vereinigt worden, bei dem anderen wurde das Wasser in Wasserstoff und Sauerstoff zerlegt.

Chemische Vorgänge, wie der erste, bei denen eine Masse aus ihren stofflichen Bestandteilen gebildet wird, nennt man Synthese. Wird dagegen eine Masse umgekehrt in ihre stofflichen Bestandteile zerlegt (z. B. Wasserzersetzung), so nennen wir den Vorgang eine Analyse.

Aus Analysen und Synthesen bestehen die Berufsarbeiten des zünftigen Chemikers. Durch Analyse ist z. B. festgestellt worden, daß im Steinkohlenteer Bestandteile enthalten sind, aus denen durch Synthese eine Reihe von Pflanzenfarbstoffen künstlich dargestellt werden können (Krapp, Indigo). Aber auch für den Maschinentechniker haben solche Arbeiten hohe Bedeutung, wie Analyse (Untersuchung) der Eisenarten, Schmieröle, Rauchgase, Synthese geeigneter Metallgemische zu Bauzwecken, Vereinigung von Luft und Gas im richtigen Verhältnis im Zylinder des Verbrennungsmotors, zwecks Erzielung einer günstigen Arbeitsleistung usw.

4. Element, chemische Verbindung und mechanisches Gemenge.

Versuchen wir nun das Magnesium, den Wasserstoff oder den Sauerstoff noch weiter durch Analyse in stofflich verschiedene Bestandteile zu zerlegen, so finden wir, daß dies mit allen Hilfsmitteln unmöglich ist; die genannten Stoffe sind Elemente.

Ein Element oder Grundstoff läßt sich nicht weiter in stofflich verschiedene Bestandteile zerlegen. Es gibt etwa 80 Elemente (vgl. S. 6).

Im Magnesiumoxyd sind Magnesium und Sauerstoff, im Wasser der Wasserstoff mit dem Sauerstoff zu einem einheitlichen Stoff verbunden, Magnesiumoxyd und Wasser sind daher chemische Verbindungen. Es fragt sich nun, ob alle uns umgebenden Stoffe entweder Elemente oder chemische Verbindungen sind. Hierüber geben uns folgende Versuche Aufschluß:

a) Wir verreiben in einem Mörser 20 g Eisenpulver und 10 g Schwefelpulver. Das entstehende graugrüne Gemisch läßt unter der Lupe noch immer beide Bestandteile erkennen, die man mechanisch wieder trennen kann, z. B. mit Hilfe eines Magneten.

b) Das Gemenge von Eisen und Schwefel wird im Reagenzglase angewärmt (vgl. Abb. 2); plötzlich tritt ein heftiges Glühen ein, und es entsteht aus der pulverförmigen Masse eine feste, harte, einheitliche, die sich weder durch den

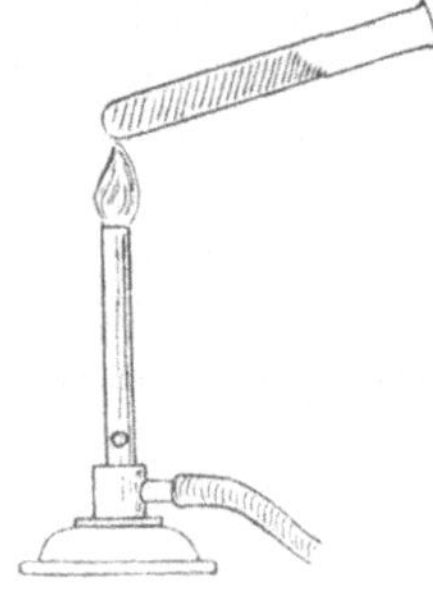

Abb. 2. Reagenzglas[1]).

Magneten, noch sonst irgendwie, mechanisch in ihre Bestandteile zerlegen läßt. Es ist hier ein neuer Stoff, das Schwefeleisen (das stets 63,64 % Eisen und 36,36 % Schwefel enthält), durch chemische Vereinigung von Eisen und Schwefel entstanden.

---

[1]) Obige Abb. sowie Abb. 11, 16, 17, 33, 38—44, 46, 47, 56—58, 62, 63, 65, 68 und 90 aus Lubarsch, Elemente der Experimentalchemie.

Beim ersten Versuch hatten wir es mit einem mechanischen Gemenge, beim zweiten mit einer chemischen Verbindung zu tun.

Ein mechanisches Gemenge hat eine veränderliche prozentische Zusammensetzung und ist mechanisch in seine Bestandteile zerlegbar. Ein weiteres Beispiel dafür ist das Schießpulver, aus Salpeter, Kohle und Schwefel bestehend; der Salpeter löst sich in Wasser, der Schwefel in einer „Schwefelkohlenstoff" genannten Flüssigkeit, so daß nur noch die Kohle übrigbleibt; auch den Prozentgehalt des Schießpulvers kann man innerhalb gewisser Grenzen ändern.

Eine chemische Verbindung dagegen hat eine unveränderliche prozentische Zusammensetzung und ist nur durch chemische Umsetzung in ihre Bestandteile zerlegbar, z. B. auch das Kochsalz. Dasselbe besteht aus 39,3% Natrium und 60,7% Chlor, und diese Bestandteile sind nur durch chemische Umsetzung (Zersetzung mit Schwefelsäure, Zerlegung durch den elektrischen Strom) trennbar.

Eine Mittelstellung zwischen mechanischen Gemengen und chemischen Verbindungen nehmen die Legierungen ein, jene Erzeugnisse, die durch Zusammenschmelzen mehrerer Metalle entstehen. Sie haben eine veränderliche prozentische Zusammensetzung, sind aber nicht mechanisch in ihre Bestandteile zerlegbar.

Das Messing z. B. ist eine Legierung von etwa 70% Kupfer und 30% Zink; seine Eigenschaften weichen nur unwesentlich ab, wenn man innerhalb gewisser Grenzen die prozentische Zusammensetzung ändert. Das Kupfer schmilzt bei 1050°, das Zink bei 412°; durch die Verschiedenheit der Schmelzpunkte ist aber eine Trennung beider Bestandteile nicht möglich; denn sie schmelzen, zu Messing legiert, zusammen bei 900°.

II. Die chemischen Umsetzungen.

1. Moleküle und Atome.

Wie aus der Physik bekannt, versteht man unter einem Molekül die kleinste Gewichtsmenge eines Stoffes, die im freien Zustand für sich bestehen kann.

Nun besteht das Kochsalz, wie erwähnt, aus Natrium und Chlor, es muß daher auch das Kochsalzmolekül diese Bestandteile enthalten, und somit gibt es noch kleinere Stoffmengen als die Moleküle, nämlich die Atome.

Ein Atom ist die kleinste Menge eines Grundstoffes, die sich chemisch verbinden kann. Für sich allein können die Atome nicht bestehen, sie vereinigen sich zu Molekülen. Die Zahl der Atome, die in einem Molekül zusammen verbunden sind, ist sehr verschieden.

2. Chemische Zeichen und Formeln.

Wie erwähnt, haben die chemischen Verbindungen eine unveränderliche prozentische Zusammensetzung. Um nun das Verhältnis der Stoffmengen zu berechnen, die sich chemisch umsetzen, hat man die Formelsprache eingeführt, die es ermöglicht, die chemischen Umsetzungen (Reaktionen) durch Gleichungen mathematisch genau auszudrücken. Zu diesem Zwecke bezeichnet man die Grundstoffe mit den Anfangsbuchstaben ihrer griechischen oder lateinischen Namen.

Tabelle der chemischen Grundstoffe.

Element	Zeichen	Atomgewicht	Element	Zeichen	Atomgewicht
Aluminium	Al	27,1	Nickel	Ni	58,7
Antimon	Sb	120,2	Niobium	Nb	94,0
Argon	A	39,9	Osmium	Os	191,0
Arsen	As	75,0	Palladium	Pd	106,5
Barium	Ba	137,4	Phosphor	P	31,0
Beryllium	Be	9,1	Platin	Pt	194,8
Blei	Pb	207,1	Präsodym	Pr	141,0
Bor	B	11,0	Quecksilber	Hg	200,0
Brom	Br	79,96	Radium	Ra	225,0
Cadmium	Cd	112,3	Rhodium	Rh	103,0
Cäsium	Cs	132,8	Rubidium	Rb	85,4
Cer	Ce	140,25	Ruthenium	Ru	101,7
Chlor	Cl	35,47	Samarium	Sa	150,4
Chrom	Cr	52,1	Sauerstoff	O	16,0
Eisen	Fe	55,9	Scandium	Sc	44,1
Erbium	Er	166,0	Schwefel	S	32,06
Europium	Eu	151,9	Selen	Se	79,2
Fluor	F	19,0	Silber	Ag	107,9
Gadolinium	Gd	157,24	Silicium	Si	28,3
Gallium	Ga	69,9	Stickstoff	N	14,01
Germanium	Ge	72,5	Strontium	Sr	87,6
Gold	Au	197,2	Tantal	Ta	183,0
Helium	He	4,0	Tellur	Te	127,6
Indium	In	114,8	Terbium	Tb	159,0
Iridium	Ir	193.0	Thallium	Tl	204,0
Jod	J	126,97	Thorium	Th	232,5
Kalium	K	39,1	Thulium	Tu	171,0
Kalzium	Ca	40,1	Titan	Ti	48,1
Kobalt	Co	59,0	Uran	U	238,5
Kohlenstoff	C	12,0	Vanadin	V	51,2
Krypton	Kr	81,8	Wasserstoff	H	1,008
Kupfer	Cu	63,6	Wismut	Bi	208,0
Lanthan	La	139,0	Wolfram	W	184,0
Lithium	Li	7,0	Xenon	X	128,0
Magnesium	Mg	24,36	Ytterbium	Yb	173,1
Mangan	Mn	55,0	Yttrium	Y	89,9
Molybdän	Mo	96,0	Zink	Zn	65,4
Natrium	Na	23,0	Zinn	Sn	119,0
Neodym	Nd	143,9	Zirkonium	Zr	90,6
Neon	Ne	20,0			

Die Bedeutung des Begriffes Atomgewicht wird erst später (vgl. S. 8) erklärt. Das einmal geschriebene Zeichen bedeutet immer ein Atom des betreffenden Elementes.

Chemische Verbindungen werden nun durch eine Formel ausgedrückt, in der man die Zeichen der Grundstoffe zusammensetzt, die das Molekül des betreffenden Stoffes bilden, also z. B.

$$MgO \text{ Magnesiumoxyd,}$$
$$FeS \text{ Schwefeleisen.}$$

Mitunter kommen in einem Molekül mehrere Atome ein und desselben Grundstoffs vor. Man drückt diesen Umstand in der Formel dadurch aus, daß man an das Zeichen des betreffenden Elementes rechts unten als Marke (Index) die Zahl schreibt, die angibt, wieviel Atome des betreffenden Elementes im Molekül vorkommen, also z. B.:

H_2O Wasser (das Wassermolekül enthält somit zwei Atome Wasserstoff und ein Atom Sauerstoff),

Fe_2O_3 Eisenoxyd (zwei Eisen- und drei Sauerstoffatome im Molekül),

H_2SO_4 Schwefelsäure (zwei Wasserstoff-, ein Schwefel- und vier Sauerstoffatome im Molekül).

Mit Hilfe dieser Formeln kann man die Umsetzungen auch durch Gleichungen ausdrücken, indem man die Ausgangsstoffe der Umsetzung (Reaktion) links, deren Endergebnisse rechts vom Gleichheitszeichen setzt. Nach dem „Gesetze von der Erhaltung des Stoffes" ist das Gewicht der zu einer Umsetzung gebrauchten Stoffe gleich demjenigen der neu entstehenden Stoffe.

An Beispielen für chemische Umsetzungsgleichungen seien hier folgende angeführt:

a) **Bildung von Magnesiumoxyd:**
$$Mg + O = MgO$$
$$\text{Magnesium + Sauerstoff = Magnesiumoxyd}$$

b) **Zersetzung des Wassers:**
$$H_2O = H_2 + O$$
$$\text{Wasser = Wasserstoff + Sauerstoff}$$

c) **Bildung von Schwefeleisen:**
$$Fe + S = FeS$$
$$\text{Eisen + Schwefel = Schwefeleisen.}$$

3. Atom- und Molekulargewicht.

Vergleichen wir bei gleichem Druck und gleicher Temperatur das Gewicht gleicher Raummengen Wasserstoff und Sauerstoff, so beobachten wir, daß das Gewicht des letzteren zu demjenigen des ersteren sich wie $16 : 1{,}008$ verhält. Nach Avogadro enthalten gleiche Raummengen zweier Gase bei gleichem Druck und gleicher Temperatur die gleiche Anzahl von Molekülen bzw. gleichviele Atome, wenn die betreffenden Moleküle aus gleich vielen Atomen zusammengesetzt sind. Es müssen daher auch die Gewichte von Sauerstoff- und Wasserstoff-

atom sich wie 16 : 1,008 verhalten. Wir pflegen zu sagen, die Atomgewichte von Sauerstoff bzw. Wasserstoff sind 16 bzw. 1,008.

Wir führen nun folgende Versuche aus:

Wir wägen eine gewisse Menge Kupferspäne ab, das eine Mal
8,526 g, das andere Mal 7,308 g, und erhitzen beide Proben an der
Luft (besser in reinem Sauerstoff), wobei wir 10,668 bzw. 9,146 g
Kupferoxyd erhalten, indem das Kupfer also 2,142 bzw. 1,838 g
Sauerstoff aufgenommen hat. Hieraus berechnen wir, wieviel Prozent
Sauerstoff das Kupferoxyd enthält:

Probe I.

$$10,668 : 2,142 = 100 : x; \quad x = 20,1\,\% \text{ Sauerstoff.}$$

Probe II.

$$9,146 : 1,838 = 100 : x; \quad x = 20,1\,\% \text{ Sauerstoff.}$$

Ferner berechnen wir noch, wieviel Gramm Kupfer auf je 16 g
Sauerstoff in beiden Mengen Kupferoxyd kommen:

Probe I.

$$2,142 : 8,526 = 16 : x; \quad x = 63,6 \text{ g Kupfer.}$$

Probe II.

$$1,838 : 7,308 = 16 : x; \quad x = 63,6 \text{ g Kupfer.}$$

Entsprechend ergibt sich auch, daß das Schwefelkupfer aus 66,5 %
Kupfer und 33,5 % Schwefel besteht, so daß auf 32,06 g Schwefel
wiederum 63,6 g Kupfer kommen. Das Verbindungsgewicht ergibt sich
aus diesen und vielen auderen Beispielen somit für Kupfer gleich 63,6,
für Schwefel gleich 32,06 und für Sauerstoff gleich 16. Da dies offenbar
die Gewichtsverhältnisse sind, in denen die Atome der Grundstoffe das
Molekül bilden, so kann man das Verbindungsgewicht als mit dem Atomgewicht übereinstimmend betrachten.

Das Atomgewicht ist daher die Zahl, die angibt, um wieviel ein
Atom schwerer oder leichter ist als ein Atom Sauerstoff.

Das Molekulargewicht einer chemischen Verbindung ist entsprechend gleich der Summe der Atomgewichte der Atome, die im
Molekül einer chemischen Verbindung enthalten sind.

4. Berechnung chemischer Umsetzungen.

Die Ermittelung des Atom- und Molekulargewichtes und der chemischen Formel der betreffenden Verbindung ist die Aufgabe des Fach-
chemikers. Wir benutzen die in der Tabelle angegebenen Atomgewichts-
zahlen der Elemente (S. 6) und die bei der Besprechung einzelner
chemischer Verbindungen aufgeführten Formeln. Zunächst seien einige
Beispiele der Berechnung des Prozentgehaltes chemischer Verbindungen
gegeben:

a) Schwefeleisen FeS · Atomgewicht Fe = 56 und S = 32[1]), also Molekulargewicht FeS = 88. In 88 g FeS sind also 56 g Fe enthalten, in 100 g FeS somit wieviel?

$$88 : 56 = 100 : x; \quad x = 5600 : 88 = 63{,}6\% \ \text{Eisen.}$$

Entsprechend erhält man den Schwefelgehalt durch die Proportion:

$$88 : 32 = 100 : y; \quad y = 3200 : 88 = 36{,}4\% \ \text{Schwefel.}$$

b) Eisenoxyd Fe_2O_3 · Atomgewichte: Fe = 56; O = 16, also Molekulargewicht gleich $(2 \cdot 56) + (3 \cdot 16) = 160$. Der Eisengehalt folgt aus der Proportion: $160 : 112 = 100 : x; \ x = 70\%$ Fe, und der Sauerstoffgehalt: $160 : 48 = 100 : y; \ y = 30\%$ O.

c) Salpetersäure HNO_3 · Atomgewichte H = 1,008, N = 14,04 und O = 16, also Molekulargewicht 63,048.

$$63{,}048 : \ 1{,}008 = 100 : x; \quad x = \ \ 1{,}6\% \ \text{H,}$$
$$63{,}048 : 14{,}04 \ = 100 : y; \quad y = 22{,}2\% \ \text{N,}$$
$$63{,}048 : 48 \quad\ \ = 100 : z; \quad z = 76{,}2\% \ \text{O.}$$

d) Kohlendioxyd CO_2. Atomgewichte: C = 12 und O = 16. Molekulargewicht also $CO_2 = 44$. Es ist daher

$$44 : 12 = 100 : x; \quad x = 27{,}27\% \ \text{C,}$$
$$44 : 32 = 100 : y; \quad y = 72{,}72\% \ \text{O.}$$

e) Kohlenoxyd CO. Atomgewichte: C = 12 und O = 16. Molekulargewicht also CO = 28. Es ist daher

$$28 : 12 = 100 : x; \quad x = 42{,}9\% \ \text{C,}$$
$$28 : 16 = 100 : y; \quad y = 57{,}1\% \ \text{O.}$$

Der Umstand, daß Kohlendioxyd und Kohlenoxyd beide aus Kohlenstoff und Sauerstoff, aber von ungleicher prozentischer Zusammensetzung bestehen, scheint zunächst mit der Tatsache unvereinbar, daß der Prozentgehalt chemischer Verbindungen unveränderlich ist. Nach dem Gesetz der multiplen Proportionen verbinden sich aber die Elemente im Verhältnis ihrer Atomgewichte oder deren ganzzahligen Vielfachen. Der Kohlenstoff verbindet sich mit dem Sauerstoff entweder im Verhältnis 12 : 16 oder 12 : (2 · 16). Ebenso haben wir ein Eisenoxydul FeO und ein Eisenoxyd Fe_2O_3. Das Verbindungsverhältnis ist also 56 : 16 bzw. (2 · 56) : (3 · 16).

Dagegen ist der Prozentgehalt ein und derselben Verbindung natürlich immer unveränderlich, also enthält z. B. Kohlendioxyd CO_2 stets 27,27 % C und 72,72 % O.

5. Die Affinität.

Fragen wir nun nach den Ursachen der chemischen Umsetzung, so belehren uns darüber folgende zwei Versuche: In je einer Probe Salpetersäure lösen wir einmal Kupfer, das andere Mal Silber auf.

---

[1]) Abgerundet für 55,9 bzw. 32,06.

$$3\,Cu + 6\,HNO_3 = 3\,Cu(NO_3)_2 + 6\,H$$
Kupfer + Salpetersäure = Salpetersaures + Wasserstoff
Kupfer

$$Ag + HNO_3 = AgNO_3 + H$$
Silber + Salpetersäure = Salpetersaures + Wasserstoff
Silber

Durch die chemische Umsetzung hat sich also in beiden Fällen das Metall mit der Atomgruppe NO_3, dem sogenannten Salpetersäurerest, verbunden, und der Wasserstoff der Salpetersäure ist entwichen. Die Umsetzung erklären wir dadurch, daß die Metalle eine größere chemische Verwandtschaft zur NO_3-Gruppe besitzen als der Wasserstoff. Demnach ist die chemische Verwandtschaft oder „Affinität" das Bestreben der Elemente, sich miteinander stofflich zu verbinden.

Halten wir jetzt in die Kupferlösung ein Stück Eisen, so löst sich letzteres allmählich auf, während das Kupfer sich ausscheidet; aus salpetersaurem Kupfer und Eisen entsteht salpetersaures Eisen und Kupfer.

Wird ebenso ein Stück Kupfer in die Silberlösung gehalten, so scheidet sich das Silber aus, das Kupfer geht in Lösung; aus salpetersaurem Silber und Kupfer entsteht salpetersaures Kupfer und Silber. Der Salpetersäurerest hat demnach eine größere Affinität zum Eisen als zum Kupfer und wiederum eine größere Affinität zum Kupfer als wie zum Silber.

Wie allgemein bekannt, halten sich die edlen Metalle gut an der Luft, die unedlen dagegen verändern sich unter atmosphärischen Einflüssen, weil erstere eine geringe, letztere dagegen eine große Affinität zu den Luftbestandteilen haben. Wesentlich verändert werden die Affinitätseigenschaften durch Licht, Elektrizität und Wärme, durch deren Einfluß man häufig chemische Umsetzungen herbeiführen kann.

Durch das Licht wird die photographische Platte und das Lichtpauspapier chemisch verändert; aus den gleichen Gründen „verschießen" die Farben der Tapeten und Kleiderstoffe.

Durch die Elektrizität haben wir das Wasser in seine Bestandteile zerlegt. Erwärmen wir in einer Glasretorte (vgl. Abb. 3) rotes Quecksilberoxyd, so zersetzt es sich in

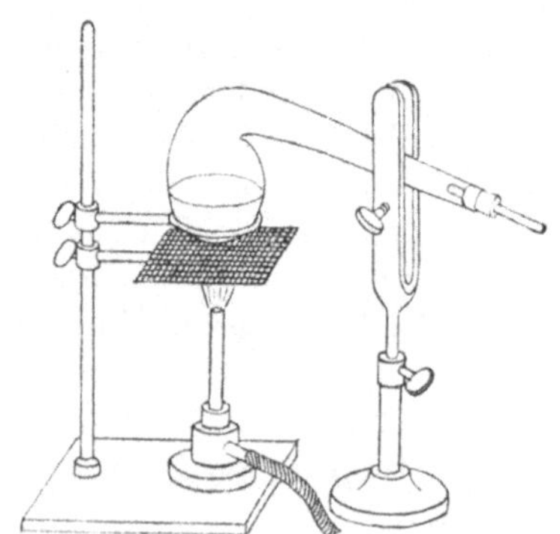

Abb. 3. Sauerstoffgewinnung[1]).

Quecksilber und Sauerstoff. $HgO = Hg + O$. Das Quecksilber verdampft und wird an den kühleren Glaswandungen wieder nieder-

---

[1]) Obige Abbildung sowie Abb. 6, 12 und 26 aus Lubarsch, Technik des Chemischen Unterrichts.

geschlagen. Der entweichende Sauerstoff wird durch einen glimmenden Span nachgewiesen.

Man pflegt das Gewicht in Grammen, das der Molekulargewichtszahl entspricht, als das „Mol" der betreffenden Verbindung zu bezeichnen, also z. B. 58,47 g Kochsalz gleich einem Mol NaCl oder 18,016 g H_2O gleich einem Mol Wasser usw.

Fast jede chemische Umsetzung ist mit der Erzeugung oder dem Verbrauch von Wärme verbunden. Die bei Bildung oder Zersetzung eines Mols der betreffenden Verbindung erzeugte oder verbrauchte Wärmemenge pflegt man als positive oder negative Wärmetönung der Verbindung zu bezeichnen. Wir messen die Wärmemengen nach Kalorien.

In der Technik versteht man unter einer Kalorie (große Kalorie oder Kilogrammkalorie) die Wärmemenge, die erforderlich ist, um 1 kg Wasser um 1⁰ C zu erwärmen. Gebräuchliche Abkürzung Cal. oder WE. Für wissenschaftliche Erörterungen gebraucht man aber noch die kleine oder Grammkalorie, die die entsprechende Wärmemenge für 1 g des betreffenden Stoffes angibt. Abkürzung: cal.

Man pflegt vielfach die Zahl der erzeugten oder verbrauchten cal. in der Umsetzungsgleichung mit anzugeben.

Exothermische Verbindungen haben positive Wärmetönung, z. B. die Wasserbildung aus Wasserstoff und Sauerstoff.

Endothermische Verbindungen haben dagegen negative Wärmetönung, z. B. die Bildung des Jodwasserstoffs aus Jod und Wasserstoff.

In der Physik versteht man unter der Wärmekapazität die Wärmemenge in Kalorien, die erforderlich ist, um die Temperatur von 1 kg eines Körpers um 1⁰ C zu erhöhen. Die spezifische Warme eines Körpers ist das Verhältnis seiner Wärmekapazität zu der des Wassers bei 15⁰ C.

Nach dem Gesetz von Dulong und Petit ist für die meisten Elemente das Produkt aus Atomgewicht und spezifischer Wärme, die sogenannte Atomwärme, konstant gleich 6,4.

Ferner ist nach dem Gesetz von Kopp und Neumann die Molekularwärme fester Verbindungen gleich der spezifischen Wärme mal dem Molekulargewicht oder gleich der Summe der Atomwärmen der im Molekül des betreffenden Körpers enthaltenen Atome.

In der Mechanik der Gase und Dämpfe hat das Molekulargewicht eine besondere Bedeutung für die „Gaskonstante". (Vgl. W. Schüle, „Technische Thermodynamik". 2. Aufl. Verlag von Julius Springer in Berlin. 1912.)

6. Das Energiegesetz.

Wenn wir eine gewisse Menge Wasser elektrolytisch zerlegt haben, so müßte es bei geeigneten Apparaten möglich sein, die bei der Wiedervereinigung von Wasserstoff und Sauerstoff entstehende Wärmemenge zum Betrieb eines Motors nutzbar zu machen, der mechanische Arbeit leistet, oder, wie wir zu sagen pflegen, die chemische Affinität zwischen Wasserstoff und Sauerstoff wird in mechanische Energie[1] umgesetzt.

Nach den Untersuchungen von Robert Maier (1842) entspricht 1 Cal. einer mechanischen Energie von 428 kg/m[2], also der Arbeit, die geleistet wird, wenn 1 kg um 428 m oder 428 kg um 1 m gehoben werden.

Die Affinität können wir daher auch als chemische Energie bezeichnen, die den anderen Energieformen (mechanische, elektrische, magnetische Wärme- und Licht-Energie vollkommen entspricht und unter gewissen Voraussetzungen in diese umgesetzt werden kann.

Nach Maiers Energiegesetz (Gesetz von der Erhaltung der Kraft) wird bei irgendeiner Arbeitsleistung keine Energie vernichtet, sondern nur in andere Form gebracht; z. B. wird beim Bremsen eines Eisenbahnzuges die geleistete mechanische Energie in Form von Wärme wieder in Erscheinung treten.

Bei der Wasserzersetzung kann z. B. die erforderliche elektrische Energie durch eine Dynamomaschine erzeugt werden, die mit einem Gasmotor unmittelbar gekuppelt ist. Bei der Verbrennung des Leuchtgas-Luft-Gemisches im Zylinder des Motors wird also zunächst kalorische Energie erzeugt, diese setzt sich in mechanische[3], letztere in elektrische um, die ihrerseits bei der Bildung von Wasserstoff und Sauerstoff chemische Energie erzeugt, die bei der Wiedervereinigung beider Bestandteile aufs neue Wärme bildet. Könnten wir die Versuchsanordnungen so treffen, daß bei den einzelnen Umformungen keine Energieverluste entstehen, so müßte die ursprünglich im Gasmotor verbrauchte Wärmemenge gleich der bei der Verbrennung des Wasserstoff-Sauerstoff-Gemisches erhaltenen sein.

Bei jedem Verbrennungsvorgang findet ein Übergang von chemischer in Wärme-Energie statt, die dann, z. B. in der Dampfmaschinenanlage oder im Gasmotor, in mechanische Energie umgesetzt wird. Als Brennstoff kommen Kohlen oder Erdölbestandteile in Betracht, ferner Holz und Spiritus. Die beiden erstgenannten Stoffe sind durch Vermoderung pflanzlicher bzw. tierischer Stoffe im Erdinnern, unter hohem Druck, durch Einwirkung der Erdwärme entstanden, die bekanntlich der Sonnenwärme entstammt. Ferner ist für die Bildung des Holzes und aller Pflanzen die Sonnenwärme Bedingung, somit auch für die Entstehung des Spiritus, der bekanntlich aus ge-

---

[1] Energie ist die Fähigkeit mechanische Arbeit zu leisten bzw. alles was aus mechanischer Arbeit entstehen kann (Wärme, Elektrizität, Licht usw.) oder was umgekehrt in mechanische Arbeit umgewandelt werden kann.

[2] Es ist dies das mechanische Wärmeäquivalent der Wärmeeinheit.

[3] Nach Carnots Entropiegesetz leistet die Wärme nur dann Arbeit, wenn sie eine absteigende Richtung hat, also von einem wärmeren zu einem kälteren Körper übergeht.

wissen pflanzlichen Stoffen gewonnen wird. Auf den gleichen Grundursachen beruht auch die Wirkung der Wind- und Wasserkraftmaschinen; denn durch die Sonnenwärme wird das Wasser von den großen Wasserflächen (Meere, Flüsse usw.) zur Verdunstung gebracht und gewissermaßen auf die Berge gehoben, wo es niederschlägt, um dann, zu Tal fließend, durch sein Gefälle zur Krafterzeugung nutzbar gemacht zu werden. Ähnlich können wir den Wind, der zu Kraftzwecken benutzt wird, als eine durch die Sonnenwärme bedingte Erscheinung erklären.

Schließlich müssen auch Menschen und Tiere den durch mechanische Arbeit bedingten Kraftverlust durch die Nahrung ersetzen, deren Entstehen wiederum von der Sonnenwärme abhängig ist.

Es ergibt sich somit die wichtige Tatsache, daß die Ursache aller Energie die Sonnenwärme ist.

Im Anschluß hieran seien noch kurz die in der Technik üblichen Bezeichnungen erwähnt:

Der Effekt oder die Leistung ist die Arbeit in Kilogrammeter in der Sekunde, und zwar ist:

1 Pferdestärke die Arbeit von 75 kg/m in der Sekunde und
1 Kilowatt die Arbeit von 102 kg/m in der Sekunde.

Der Heizwert ist die Zahl von Kalorien, die bei der Verbrennung von 1 kg eines Brennstoffs entstehen [1]).

III. Luft und Wasser.

1. Die Luftbestandteile.

Luft und Wasser sind die notwendigsten Grundbedingungen für das Bestehen aller Lebewesen.

Die Luft ist das mechanische Gemenge verschiedener Gase und Dämpfe. Ihr durchschnittliches Verhältnis in Gewichtsprozenten ist das folgende:

$$76,29\,\% \quad \text{Stickstoff (N)},$$
$$22,84\,\% \quad \text{Sauerstoff (O)},$$
$$0,05\,\% \quad \text{Kohlendioxyd } (CO_2),$$
$$0,82\,\% \quad \text{Wasserdampf } (H_2O).$$

Unberücksichtigt sind hierbei die in sehr kleinen Mengen in der Luft enthaltenen Edelgase, nämlich Argon, Helium, Krypton, Neon und Xenon; ferner sind Ammoniak NH_3 und Salpetersäure HNO_3 sowie die bei deren Umsetzung entstehenden Stoffe, die in der Luft ebenfalls nur in sehr geringer Menge enthalten, hier nicht mit aufgeführt worden.

Wir können uns von dieser Zusammensetzung der Luft wie folgt überzeugen:

---

[1]) Über oberen und unteren Heizwert vgl. S. 78.

a) Zur Bestimmung von Kohlendioxyd und Wasserdampf dient nebenstehender Apparat (Abb. 4). In den u-förmigen Röhren A und B befindet sich Chlorkalzium $CaCl_2$, das zur Absorption[1]) des Wasserdampfes dient, die Röhren C, D, E enthalten festes Ätzkali KOH, das das Kohlendioxyd bindet. (Das sechste Rohr F, das ebenfalls mit $CaCl_2$ gefüllt ist, dient nur zur Aufsaugung etwaigen Wasserdampfes, der aus dem Aspirator V entweicht.) Um nun die Luft durch die Absorptionsröhren zu saugen, bedient man sich des Saugapparates oder Aspirators V, eines Behälters aus Zinkblech von 50 l Fassungsvermögen, der mit Wasser gefüllt ist, dessen Temperatur durch das bei b eingeführte Thermometer gemessen wird. Öffnet man nun den Hahn r, so tritt das Wasser aus, und die zu untersuchende Luft wird dann durch

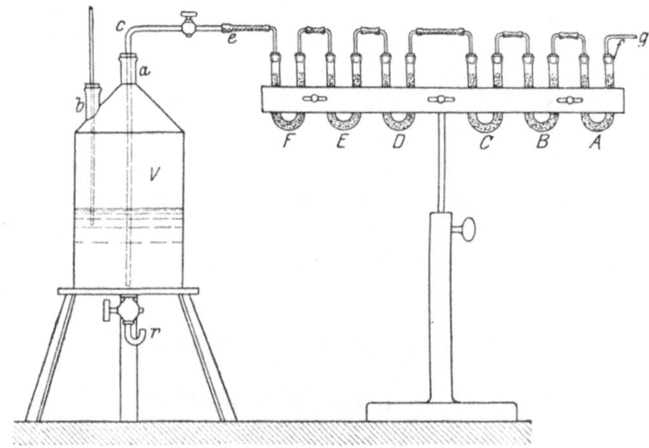

Abb. 4. Luftuntersuchung.

die Röhren A bis F gesaugt. Die verbrauchte Luftmenge ergibt sich aus derjenigen des ausgeflossenen Wassers unter Berücksichtigung der Temperatur, die darin enthaltene Menge Wasserdampf bzw. Kohlendioxyd aus der Gewichtszunahme der u-förmigen Röhren A, B bzw. C, D und E.

b) Zur Bestimmung des Stickstoffs (bzw. des Sauerstoffs) dient der in Abb. 5 dargestellte Apparat. In der Kochflasche A befindet sich oberhalb des Wassers genau 1 l Luft, die durch langsames Eingießen von weiterem Wasser in die mit B bis E bezeichneten Teile des Apparates getrieben wird. Die Waschflasche B ist mit Kalilauge (Ätzkali KOH in Wasser gelöst) gefüllt, die das Kohlendioxyd bindet, der Turm C mit Chlorkalzium zur Aufsaugung des Wassergehaltes. Das Rohr D aus schwer schmelzbarem Glas, das mit Kupferspänen gefüllt und bei

---

[1]) Absorption bedeutet Aufsaugung bzw. Lösung.

Ausführung des Versuches durch Brenner erhitzt wird, dient zur Abscheidung des Sauerstoffs, der sich mit dem Kupfer zu Kupferoxyd verbindet. Der nunmehr allein übrigbleibende Stickstoff sammelt sich im Zylinder E, aus dem er das Wasser verdrängt, das zum hydraulischen Abschluß dient. Die Raummenge des erhaltenen Stickstoffs läßt sich durch die Strichmaße des Zylinders leicht ermitteln und daraus die Menge des Stickstoffs in Gewichtsprozenten durch Multiplikation des Volumens mit dem spezifischen Gewicht des Stickstoffs (0,96). Mittelbar kann man jetzt den Prozentgehalt des Sauerstoffs feststellen, indem man den Prozentgehalt an Wasserdampf, Kohlendioxyd und Stickstoff von 100 abzieht. Mittels Phosphors und unter gewissen Verhältnissen auch mit Pyrogallol kann man den Sauerstoffgehalt der Luft unmittelbar bestimmen (Pyrogallollösung saugt den Sauerstoff auf).

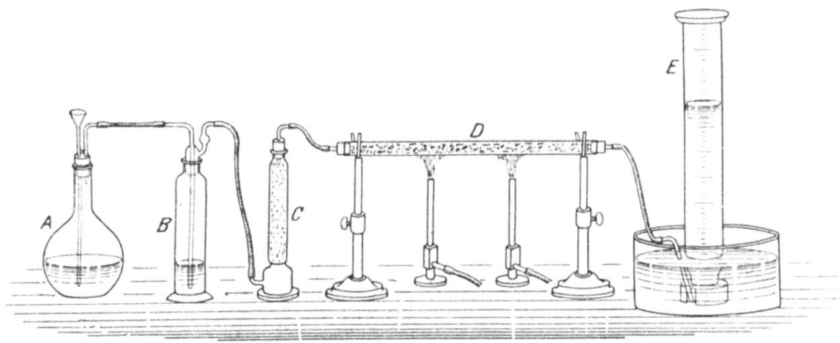

Abb. 5. Luftuntersuchung[1].

Was nun die einzelnen Luftbestandteile anbetrifft, so ist der Sauerstoff am wichtigsten, weil er, wie wir später sehen werden, Atmung und Verbrennung unterhält, während der Stickstoff (daher der Name) gerade die entgegengesetzten Eigenschaften hat[2]. Das Kohlendioxyd entsteht bei der Atmung und Gärung, der Wasserdampf schließlich bei der Verdunstung des Wassers. Daher wird der Kohlendioxydgehalt der Luft in dicht bevölkerten Fabrikstädten besonders groß sein, die Wasserdampfmenge in der Nähe großer Wasserflächen (Meeresstrand). Das dort durch die Verdunstung (Nebel, Wolken) aufsteigende Wasser wird im Gebirge niedergeschlagen und macht den bekannten Kreislauf: Quelle, Bach, Fluß, Meer. Je tiefer das Wasser ins Erdinnere eindringt, um so wärmer tritt es wieder zutage (Quellen in Aachen 75° und in Wiesbaden 69°).

---

[1] Obige Abbildung sowie Abb. 15, 18—20, 24, 25, 27—29, 32, 34, 50 und 64 aus Ochs, Einführung in die Chemie.

[2] Während des Weltkrieges gewann man in Deutschland Salpetersäure und Salpeter aus dem Luftstickstoff, da uns durch die Seesperre die Zufuhr von Chilesalpeter abgeschnitten war.

2. Die natürlichen Wasserarten.

Während das Regenwasser fast chemisch rein ist, denn es enthält nur Luftbestandteile gelöst, sind im Quell- und Grundwasser die wasserlöslichen Bestandteile des durchflossenen Erdbodens enthalten. (Grundwasser ist das durch porösen Boden gesickerte Wasser, das sich auf undurchlässigen Stein- oder Tonschichten ansammelt; es ist meistens keimfrei.) Je nach der Natur der gelösten Salze führt das Wasser verschiedene Namen: Hartes Wasser ist reich, weiches Wasser dagegen arm an Kalzium- und Magnesiumsalzen, Solwasser enthält Kochsalz, im Sauerwasser ist Kohlendioxyd und im Stahlwasser finden sich gewisse Eisenverbindungen.

Das Flußwasser endlich enthält außer den mineralischen, auch organische Verunreinigungen, bedingt durch die einmündenden Schmutzwasserkanäle, Notauslässe usw. Diese Beimengungen treten besonders in Form von Keimen (Bakterien) in Erscheinung, die zum Teil als sehr gefährliche Erreger ansteckender Krankheiten besondere Vorsichtsmaßregeln erfordern.

3. Die Lösungsvorgänge.

Die Lösung eines festen Stoffes in einer Flüssigkeit erfolgt im allgemeinen immer unter Wärmeaufwand. In manchen Fällen braucht die Wärme nicht zugeführt zu werden, sie wird der Flüssigkeit selbst entzogen, die sich dadurch abkühlt, z. B. Rhodankalium im Wasser. Mischt man irgendein wasserlösliches Salz mit Schnee, so wird letzterer zum Teil verflüssigt, und die hierzu verbrauchte Wärme hat eine weitere Temperaturerniedrigung des Gemenges zur Folge, wir haben es mit einer Kältemischung zu tun.

Bei jeder Temperatur ist nur eine gewisse Menge eines festen Stoffes in Wasser löslich. Bei der gesättigten oder konzentrierten Lösung vermag das Wasser keine weiteren Stoffmengen mehr aufzulösen, im Gegensatz zur ungesättigten oder verdünnten Lösung.

Ist ein Stoff in Wasser unlöslich, so setzt er sich als Niederschlag zu Boden, z. B. das kohlensaure Kalzium $CaCO_3$.

Für technische Zwecke genügt es, sich den Lösungsvorgang wie folgt zu erklären: Durch Berührung mit dem Wasser erniedrigt sich der Schmelzpunkt des festen Stoffes derartig, daß er durch die zugeführte (oder die der Flüssigkeit entzogene) Wärmemenge schmilzt und sich dann mit dem Wasser mischt. Mit Rücksicht auf gewisse elektrochemische Vorgänge nimmt man übrigens jetzt an, daß die in wäßriger Lösung befindlichen Moleküle in bestimmte Teile, sogenannte Ionen, gespalten sind; also z. B. das Kupfervitriol $CuSO_4$ in Cu-Ionen und SO_4-Ionen, das Kochsalz $NaCl$ in Na-Ionen und Cl-Ionen (vgl. S. 35).

Jedenfalls befindet sich der gelöste Stoff in einem veränderten Zustande im Wasser; durch Verdampfen des Wassers kann man aber den ursprünglichen Zustand wieder herstellen. Wir erhalten z. B. beim Verdampfen der Kochsalzlösung wieder Kochsalz, weil zwischen dem lösenden und gelösten Stoff keine chemische Umsetzung stattgefunden hat. Diese Erscheinung bezeichnen wir als physikalischen Lösungsvorgang.

Beim chemischen Lösungsvorgang findet dagegen eine stoffliche Umsetzung zwischen der lösenden Flüssigkeit und dem gelösten festen Körper statt, und die hierbei neu entstandene Masse bildet den Rückstand bei der Verdampfung; z. B. Kupfer in Salpetersäure gelöst, gibt salpetersaures Kupfer.

Auch andere Flüssigkeiten, wie das Wasser, vermögen physikalische Lösungsvorgänge zu bewirken, z. B. Alkohol, Äther, Erdölbestandteile (Benzin), Benzol, Terpentin, Glyzerin, Schwefelkohlenstoff u. a. m.

Durch die Aufnahme fester Stoffe steigen das spezifische Gewicht und der Siedepunkt dieser Flüssigkeiten. Eine unverdünnte Lösung von Chlorkalzium in Wasser siedet z. B. erst bei 180^0.

In der Technik gebraucht man mitunter den Ausdruck „Lösung", wo eine solche gar nicht vorliegt. Wir sagen z. B., Mennige wird zu Anstrichfarben in Leinöl gelöst; in Wirklichkeit ist die Mennige nur im Leinöl fein verteilt. Diese Erscheinung wäre richtiger als „Suspension" zu bezeichnen.

Läßt man eine unverdünnte Lösung rasch erkalten, so scheiden sich die Stoffe in amorpher Form, d. h. in unregelmäßiger Gestalt aus, beim langsamen Erkalten bilden sich dagegen Kristalle von bestimmter gesetzmäßiger Gestalt (z. B. Kandiszucker und Streuzucker). Die kristallisierten Körper sind im allgemeinen reiner und spezifisch schwerer als die amorphen.

In vielen Fällen haben die aus Wasser kristallisierten Salze eine bestimmte Menge Wasser an das Molekül gebunden; z. B.

$$\text{Soda} \ldots \ldots \ldots Na_2CO_3 + 10\,H_2O,$$
$$\text{Kupfervitriol} \ldots CuSO_4 + 5\,H_2O,$$
$$\text{Kalialaun} \ldots \ldots KAl(SO_4)_2 + 12\,H_2O.$$

Dieses Kristallwasser ist mitunter von kennzeichnendem Einfluß auf die physikalischen Eigenschaften des Stoffes. Treibt man z. B. aus dem Kupfervitriol durch Erhitzen das Wasser aus, so geht die blaue Farbe in weiß über.

Auch beim Liegen an der Luft verlieren die Kupfervitriolkristalle nach und nach zum Teil ihr Kristallwasser, ändern die Farbe und zerbröckeln schließlich. Diese auch bei anderen Kristallen auftretende Erscheinung bezeichnen wir als „Verwittern". Im Gegensatz hierzu steht die „Hygroskopizität" (Wasseranziehung), d. i. die Eigenschaft vieler Stoffe (Chlorkalzium, Chilesalpeter), aus der Luft Feuchtigkeit anzuziehen.

Manche Flüssigkeiten vermögen einander glatt aufzulösen, z. B. Alkohol in Wasser, dagegen löst sich Öl nicht im Wasser, sondern schwimmt auf diesem als spezifisch leichtere Flüssigkeit. Beim Schütteln bilden beide vorübergehend ein einheitliches Gebilde von milchiger Trübung; bald aber trennen sich die Bestandteile wieder. Man nennt diesen Mischungszustand eine „Emulsion“. Unter gewissen Verhältnissen kann die Emulsion auch von dauerndem Bestande sein, z. B. bei den Mischungen von Seifenlösung und Schmieröl, die bei der Bohrmaschine gebraucht werden.

Schließlich haben die Flüssigkeiten, namentlich das Wasser, ein mehr oder minder großes Lösungsvermögen für Gase, besonders bei niedriger Temperatur. Durch die Aufnahme größerer Mengen von Gasen wird das spezifische Gewicht des Wassers erniedrigt.

Wollen wir nun umgekehrt das Wasser von allen gelösten Stoffen befreien, so müssen wir es zum Sieden bringen und den entstehenden Dampf durch Abkühlen verdichten (kondensieren).

Das Kondenswasser unserer Dampfanlagen stellt also ein derartig reines oder, wie wir zu sagen pflegen, „destilliertes Wasser“ dar, das zum Nachfüllen der Akkumulatoren sehr gut verwendet werden kann[1]), ebenso zum Auflösen von Salzen usw.

Die Bezeichnung „destilliertes Wasser“ stammt von Liebig, der seinen Destillationsapparat, wohl auch Kühler genannt, zuerst zum

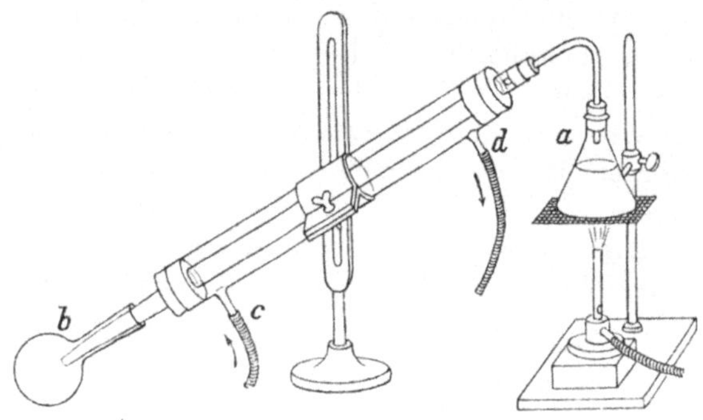

Abb. 6. Liebigs Kühler.

Herstellen von reinem Wasser gebrauchte. Die Einrichtung (vgl. Abb. 6) besteht aus dem Glaskolben *a*, in dem das zu reinigende Wasser erhitzt wird. Der Dampf geht durch das innere Rohr des Kühlers (derselbe besteht aus zwei konzentrischen Rohren), während durch das äußere, mittelst der Schläuche *c* und *d* kaltes Wasser zu- und abfließt. Hierdurch wird der Dampf verdichtet, und das reine Wasser sammelt sich dann in der Vorlage *b*.

In ganz entsprechender Weise kann durch Destillation jede Flüssigkeit gereinigt werden, die ohne chemische Zersetzung siedet. Abb. 7

---

[1]) Voraussetzung ist ein ölfreies Kondensat.

zeigt eine zu Betriebszwecken eingerichtete Destillationsanlage. Auf See-
schiffen, die für so lange Zeit keinen Hafen anlaufen, daß die mitgenom-
menen Wasservorräte nicht ausreichen, ist man gezwungen, Seewasser
zu Genußzwecken zu destillieren. Infolge des gänzlichen Fehlens von

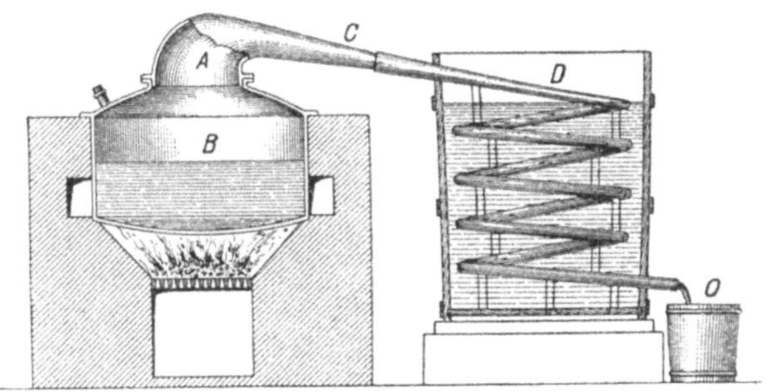

Abb. 7. Wasserdestillation.

Salzen, schmeckt aber das destillierte Wasser schal (wie Regenwasser),
so daß es sich ohne irgendwelche nachträglichen Zusätze zum Trinken
wenig eignet.

4. Die Aufbereitung des Trinkwassers.

Für gewöhnliche Verhältnisse kommen für Genußzwecke nur Quell-
und Grundwasser in Betracht und bei Mangel an diesen das gereinigte
Flußwasser.

Das Quellwasser gewinnt man durch Fassen (Ummauern) der Quelle
(Brunnenstube, Wasserschloß). Den gleichen Zweck erfüllen die Talsperren, die man zur Trinkwassergewinnung vielfach verwendet, indem
man ein Tal, in dem sich das Wasser eines großen Niederschlagsge-
bietes sammelt, durch eine Sperrmauer von entsprechenden Größen-
verhältnissen abschließt, hinter der sich die Wassermassen sammeln.
Bei genügend hohem Wasserstand kann man den Höhenunterschied zur
Talsohle in Wasserkraftmaschinen, die mit Dynamos gekuppelt sind,
zur Erzeugung elektrischer Energie ausnutzen. Dies geschieht z. B. bei
der Urfttalsperre (Eifel), die 50 000 000 cbm Fassungsvermögen hat.

Das Grundwasser wird durch Brunnenanlagen gewonnen. Der
Schacht (senkrechter Brunnenteil) wird an einer möglichst tiefen Stelle
des Geländes angelegt, um alles zu Tal fließende Wasser abfangen zu
können. Der Stollen (beinahe wagerechter Brunnenteil, aber mit etwas
Neigung zum Schacht), wird so angeordnet, daß er zu den weiter gelegenen Wasseradern führt. Um den Zusammenhang zweier Grund-
wasserströme ermitteln zu können, benutzt man Fluoreszeïn, einen
Teerfarbstoff, der auch noch in äußerst verdünnter Lösung durch die
Eigenschaft des Fluoreszierens in Erscheinung tritt, d. h. er zeigt im
auffallenden und durchfallenden Licht verschiedene Farben.

Ist man gezwungen, Flußwasser zu verwenden, so wird es, um es in möglichst reinem Zustande zu erhalten, oberhalb der Stadt und tunlichst in der Mitte des Flusses, wo die Strömung am stärksten ist, geschöpft und durch Sand- und Kiesfilter gereinigt, wodurch der Bakteriengehalt bis auf 60—100 Keime im Kubikzentimenter verringert wird. Das so gereinigte Wasser kann ohne Bedenken zu Trinkzwecken benutzt werden; allerdings erfordert aber jede derartige Anlage eine ständige bakteriologische Kontrolle (mikroskopische Untersuchung[1]).

Für Fabrikzwecke ist das Leitungswasser meistens zu teuer. Sofern die Möglichkeit bzw. die Berechtigung zur Wasserentnahme aus dem Flußlauf nicht vorhanden ist, sind Brunnenanlagen erforderlich. Für die Kesselspeisung (vgl. S. 84) ist auf jeden Fall für weiches Wasser zu sorgen.

Während das durch Quellfassungen und Talsperren gewonnene Wasser meistens genügend Druck hat, um durch die Rohrleitungen bis in die höchst gelegenen Wohnungen der Stadt gelangen zu können, ist bei Brunnen- und Flußwasseranlagen die Errichtung von Hochdruckbehältern erforderlich, auf die das Wasser gepumpt wird. Der große Fassungsraum dieser Behälter dient zum Ausgleich bei ausnahmsweise starkem Wasserverbrauch.

Für die Leitungen kommen Guß- und Schmiedeeisenrohre in Betracht. Gußeisenrohre haben geringe Bruchfestigkeit, rosten aber schwer bei längerem Leerstehen. Schmiedeeisenrohre zeigen das umgekehrte Verhalten. Die Hausanschlüsse werden aus Bleirohren hergestellt, die wegen der Giftigkeit des genannten Metalls innen verzinnt sind.

Der tägliche Wasserverbrauch beträgt in den deutschen Städten 100 l im Durchschnitt für den Kopf der Bevölkerung. Die Erhebung des Wassergeldes erfolgt nach dem Stande der Wassermesser, die in den einzelnen Häusern aufgestellt sind.

Die Einrichtung der Wassermesser beruht darauf, daß das hindurchfließende Wasser ein Flügelrad in Umdrehung setzt. Die Zahl der Umdrehungen wird durch ein Zählwerk angezeigt, das durch entsprechende Eichung den Wasserverbrauch angibt.

5. Die Abwässer-Reinigung.

Die Beseitigung der Abwässer erfolgt durch Kanäle. Regen- und Schneeabwässer können dem Flußlauf unmittelbar zugeführt werden. Die Hausabwässer bedürfen erst einer besonderen Reinigung in den Klärbecken, ausgemauerten bzw. auszementierten Behältern, in denen die Schmutzstoffe zu Boden sinken und nach Abscheidung zu Düngezwecken verwendet werden. Die Reinigung kann auch durch Rieselfelder erfolgen. Es sind dies große Ackerflächen, die durch die Aufsaugung

---

[1] Über Trinkwasserreinigung mit Ozon vgl. Seite 31.

der Schmutzstoffe gedüngt werden, während das gereinigte Wasser abfließt. Die Fabrikabwässer bedürfen je nach Beschaffenheit besonderer Reinigungsverfahren.

6. Darstellung von Sauerstoff und Wasserstoff.

Für die Technik spielt das Wasser, außer zur Kesselspeisung, als Kühl-, Reinigungs- und Lösungsmittel eine Rolle, ferner für die elektrolytische Gewinnung von Sauerstoff und Wasserstoff. .

Beide Gase kommen in nahtlosen Stahlflaschen aus Mannesmannrohr unter einem Druck von 150 Atmosphären komprimiert (nicht flüssig) in den Handel. Der Inhalt der Flaschen beträgt meistens 36 l, entsprechend einem Gasgehalt von 5,4 cbm (Flaschen der Chemischen Fabrik Griesheim-Elektron). Zur Unterscheidung der Wasserstoff- und Sauerstoffflaschen (Verwechselungen können leicht zu Unglücksfällen führen) haben erstere am Seitenzapfen der Verschlußventile Linksgewinde, die Sauerstofflaschen dagegen Rechtsgewinde. Näheres über die Ventile vgl. S. 144. Zur weiteren Unterscheidung erhalten die Wasserstofflaschen einen roten, die anderen einen schwarzen Anstrich. Bei den Sauerstofflaschen ist jede Berührung des Gases mit brennbaren Stoffen (Dichtungsmaterialien, Fett und Öl) zu vermeiden.

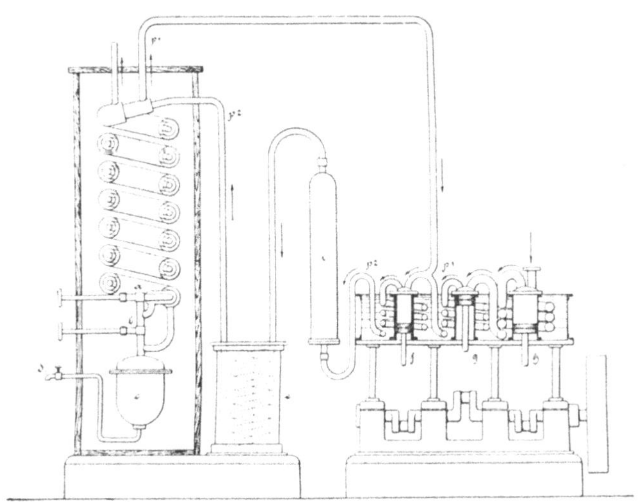

Abb. 8. Luftverflüssigungsmaschine nach Linde.

Die Sauerstoffgewinnung geschieht nach Linde's Verfahren aus flüssiger Luft. Die Wirkung der Lindeschen Luftverflüssigungsmaschine (Abb. 8) beruht auf der Abkühlung, die die Luft beim Ausströmen von einem höheren auf einen niedrigeren Druck, durch Leistung innerer Arbeit erfährt. Diese Abkühlung beträgt bei gewöhnlicher Temperatur 0,25° C für jede at Druckunterschied, ist also selbst bei sehr großen Druck-differenzen zu klein, um bei einmaliger Ausströmung eine Verflüssigung der Luft herbeizuführen, die erst unter -140° eintreten kann, unter atmosphärischem Druck aber erst bei -190°, dem Siedepunkt der flüssigen Luft. Es werden daher die Wirkungen beliebig vieler Aus-strömungen in der Weise vereinigt, daß jede vorhergehende zur Vor-kühlung der Luft der nachfolgenden dient. Dies wird durch Anwendung der Gegenstromeinrichtung erreicht, die in zwei langen ineinanderge-steckten und zu einer Spirale aufgewundenen Röhren zu sehr voll-kommener Wirkung gelangt. Die zusammengepreßte Luft durchströmt das innere Rohr der senkrecht aufgestellten Doppelspirale von oben nach unten, strömt am unteren Ende durch ein Ventil auf niedrigeren Druck aus und kehrt dann durch den ringförmigen Raum zwischen dem inneren und äußeren Rohr nach oben zurück, wobei sie die durch die Ausströmung gewonnene Abkühlung auf die das innere Rohr durch-strömende Luft überträgt. Hierdurch wird bewirkt, daß die Tem-peraturen vor und nach der Ausströmung fortwährend sinken, bis die Verflüssigungstemperatur erreicht ist und ein Teil der ausströmenden Luft sich im flüssigen Zustand in einem am unteren Ende des Gegen-stromapparates angebrachten Gefäß sammelt.

Da die Kälteleistung des Apparates vom Druckunterschied $(p_2 - p_1)$ vor und nach der Ausströmung, die Preßleistung dagegen von dem Verhältnis derselben Drucke $\dfrac{p_2}{p_1}$ abhängt, so ist es vorteilhaft, den Unterschied groß, das Verhältnis aber klein zu wählen. In den Linde-schen Maschinen wird deshalb der größere Teil der Kälte durch das Ausströmen eine Luftmenge von etwa 200 at auf einen Druck erzeugt, für den $\dfrac{p_2}{p_1}$ je nach der Größe der Maschine 10—4 gewählt ist, während $p_2 - p_1$ 180—150 at beträgt. Nur die zum Füllen und Nachfüllen erforderliche geringe Luftmenge wird von außen in jenen Kreislauf bei p_1 eingeführt und verläßt denselben wieder teils als Flüssigkeit, teils im Gegenstromapparat als Gas unter gewöhnlichem Druck.

Jede Luftverflüssigungsmaschine besteht aus dem Gegenstromapparat, dem Kompressor und der Vorkühlungs- und Trocknungsanlage.

Der Gegenstromapparat besteht, wie aus der Abb. 8 ersichtlich, aus einer durch drei ineinander liegenden Kupferrohren gebildeten Spirale. Der oben erwähnte Kreislauf der Luft findet in der Weise statt, daß die Luft von 200 at Druck das innere Rohr von oben nach unten durchläuft, am unteren Ende desselben durch einen Hahn a auf den Zwischendruck von 20—50 at ausströmt und hierauf durch den ring-förmigen Raum zwischen dem inneren und mittleren Rohr nach oben zurückkehrt, um wieder auf den Druck von 200 at gebracht zu werden und den Kreislauf von neuem zu beginnen. Unmittelbar hinter dem ersten Hahn *a* befindet sich ein zweiter Hahn *b*, durch den im Beharrungszustand die gleiche Luftmenge auf Atmosphärendruck ausströmt, die von außen in den Kreislauf eingeführt wird. Ein Teil dieser Luft verläßt den zweiten Hahn in flüssiger Form und sammelt sich in dem Gefäß *c*, der nicht verflüssigte Teil strömt durch den Raum zwischen dem mittleren und äußeren Rohr der Spirale unter Abgabe seiner Kälte frei aus. Die Entnahme der flüssigen Luft erfolgt bei Hahn *d*. Der Kompressor besteht aus drei Zylindern. Der mit *f* bezeichnete Hochdruckzylinder führt den oben beschriebenen Kreislauf aus, indem er die Luft aus dem Gegenstromapparat mit 50 at entnimmt, auf 200 at zusammenpreßt und durch den Kühler *e* nach dem Gegenstromapparat wieder zurückführt. Die von außen ständig in den Kreislauf nachzuliefernde Luftmenge wird von dem Niederdruckzylinder *h* angesaugt und auf einen Druck von etwa 5 at gebracht, hierauf von dem Mitteldruckzylinder *g* auf 50 at, und mit diesem Druck gemeinsam mit der vom Gegenstromapparat kommenden Luft vom Hochdruckzylinder angesaugt.

Die erwähnte Vorkühlung bezweckt eine Erhöhung des Wirkungsgrades durch vorherige Temperaturerniedrigung der zusammenzupressenden Luft auf -10° oder bis -15° C. Es geschieht dies durch Kältemischungen.

Meistens dienen die Luftverflüssigungsanlagen zur Sauerstoffgewinnung. Da der Siedepunkt des Sauerstoffs $-182,2^{\circ}$, derjenige des Stickstoffs $-194,4^{\circ}$ ist, so wird beim Erwärmen der flüssigen Luft zuerst der Stickstoff sieden, dann erst der Sauerstoff. Durch den steigenden Sauerstoffgehalt nimmt die zunächst farblose, flüssige Luft eine blaue Farbe an. Der verdampfende Stickstoff dient zur Herstellung des Kalkstickstoffs (vgl. S. 73), während der Sauerstoff in Stahlflaschen (unter Druck) in den Handel kommt. Es ist ein weit verbreiteter Irrtum, daß Sauerstoff und Wasserstoff in den Stahlflaschen flüssig wären. Dies ist unmöglich, weil die kritische Temperatur, d. i. der Wärme- oder Kältegrad, über den hinaus erwärmt das betreffende Gas unter keinem Druck mehr flüssig ist, für Sauerstoff -119°, für Wasserstoff -243°, also Temperaturen, wie wir sie nirgends von Natur aus auf der Erde finden.

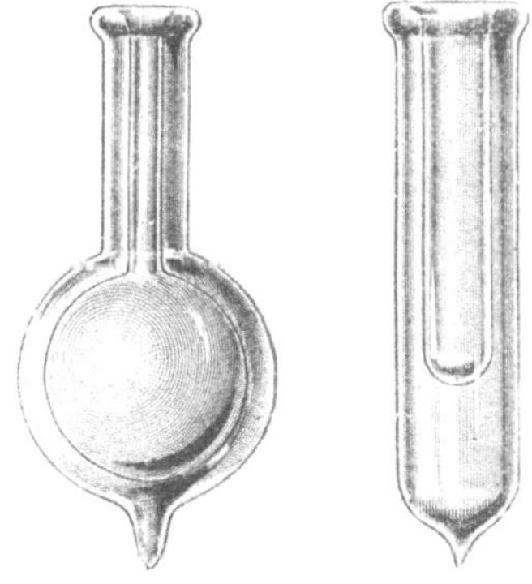

Abb. 9 und 10. Gefäße für flüssige Luft.

Zum Befördern der flüssigen Luft dient der Dewarsche Kolben, ein doppelwandiges Glasgefäß, dessen Zwischenraum zum Schutz gegen Wärmeleitung luftleer gepumpt (evakuiert) ist; außerdem wird der Kolben zum Schutze gegen Wärmestrahlung mit einem Silberspiegel belegt.

Die Abb. 9 und 10 zeigen solche Kolben sowie die ganz entsprechenden Versuchsgefäße für flüssige Luft.

Die meisten Versuche mit flüssiger Luft beruhen auf deren außerordentlich niedriger Temperatur. Quecksilber, Äther, Alkohol, Kohlendioxyd u. a. m. erstarren in der flüssigen Luft, Gummi wird darin hart wie Glas und spröde, ebenso Pflanzen, der Schwefel verliert seine Farbe. Ein glimmender Span brennt in der flüssigen Luft mit blendend weißer Flamme, offenbar wegen des hohen Sauerstoffgehaltes; aus dem gleichen Grunde verbrennt ein mit flüssiger Luft getränkter Wattebausch explosionsartig (Anwendung als Sprengstoff bei Tunnelbauten versucht. Die längere Aufbewahrung flüssiger Luft ist schwierig, sie kommt für Kühlzwecke daher fast nur da in Betracht, wo es sich um die Herstellung von Temperaturen unter -50° handelt.

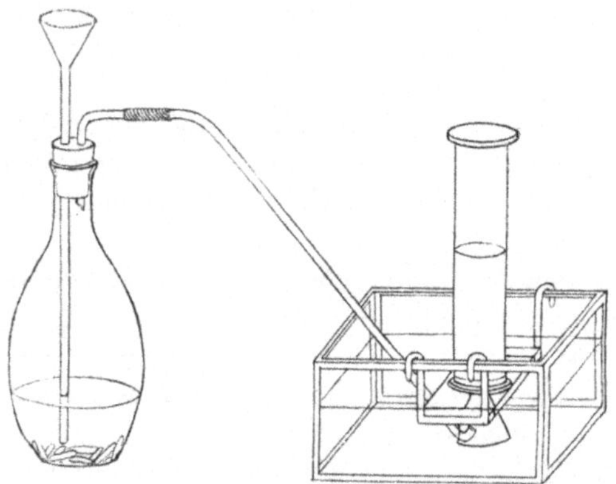

Abb. 11. Wasserstoffgewinnung.

Andere Gewinnungsarten für Sauerstoff, aber ohne Bedeutung für gewerbliche Zwecke, sind aus den Oxydationsmitteln, d. h. Stoffen, die Sauerstoff abgeben oder, wie man zu sagen pflegt, oxydierend wirken, z. B.:

$$2\,KClO_3 \;=\; 2\,KCl \;+\; 3\,O_2$$
Chlorsaures Kalium = Chlorkalium + Sauerstoff

$$2\,MnO_2 \;=\; Mn_3O_4 \;+\; O_2$$
Mangansuperoxyd (Braunstein) = Manganoxydoxydul + Sauerstoff.

Der Wasserstoff wird, außer durch Elektrolyse des Wassers, durch Zersetzung des Azetylens im elektrischen Ofen gewonnen (vgl. S. 73), ferner aus dem Wassergas und durch Einwirkung von Säuren auf Metalle, z. B. verdünnte Schwefelsäure auf Zink:

$$Zn + H_2SO_4 \;=\; ZnSO_4 \;+\; H_2$$
Zink + Schwefelsäure = Schwefelsaures Zink + Wasserstoff.

Den Versuch zeigt Abb. 11. — In ähnlicher Weise kann man auch andere Metalle auf Säuren einwirken lassen:

$$K_2 + H_2SO_4 = K_2SO_4 + H_2$$
Kalium + Schwefelsäure = Schwefelsaures Kalium + Wasserstoff

$$Al_2 + 3H_2SO_4 = Al_2(SO_4)_3 + 3H_2$$
Aluminium + Schwefelsäure = Schwefelsaures Aluminium + Wasserstoff.

Wir sehen also, daß ein Kaliumatom ein Wasserstoffatom der Schwefelsäure ersetzt, das Zink zwei und das Aluminium drei Wasserstoffatome. Unter der Wertigkeit oder Valenz verstehen wir die Zahl, die angibt, wieviel Atome Wasserstoff durch ein Atom des betreffenden Grundstoffs ersetzt werden können. Einwertig sind z. B. Wasserstoff, Kalium, Natrium, zweiwertig Zink, Magnesium, Kalzium, Quecksilber, dreiwertig Aluminium, Bor. Viele Elemente treten in verschiedenen Valenzen auf, z. B. Kohlenstoff zwei- und vierwertig, Phosphor, Arsen und Antimon drei- und fünfwertig.

Ein Nachteil des aus Zink und Schwefelsäure dargestellten Wasserstoffs ist seine Giftigkeit infolge seines Gehaltes an Arsen; andererseits gewinnt jetzt die Chemische Fabrik Griesheim-Elektron als Nebenerzeugnis der Elektrolyse von Kalium- und Natriumchlorid einen billigen und sehr reinen Wasserstoff (vgl. S. 43).

7. Die Eigenschaften des Sauerstoffs.

Der Sauerstoff (zweiwertig) ist ein farb-, geruch- und geschmackloses Gas, spezifisches Gewicht 1,106; Holz und Schwefel verbrennen (vorher entzündet) darin mit hell leuchtender Flamme (vgl. Abb. 12). Eine mittelst glimmendem Zunderschwammes vorgewärmte Uhrfeder verbrennt im Sauerstoff unter Funkensprühen: $2Fe + 3O = Fe_2O_3$. In einem Kugelröhrchen (vgl. Abb. 13)

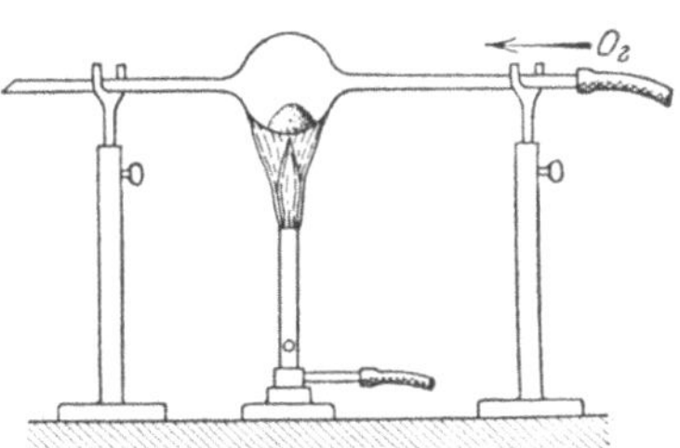

Abb. 12. Schwefelverbrennung im Sauerstoff. Abb. 13. Verbrennung von Holzkohle im Sauerstoff.

angewärmte Holzkohle verbrennt beim Überleiten von Sauerstoff weißglühend zu CO_2 Kohlendioxyd. Leitet man letzteres in Kalkwasser (Auflösung einer geringen Menge gebrannten Kalkes in Wasser), so entsteht ein *Niederschlag* von $CaCO_3$ kohlensaurem Kalzium.

$$Ca(OH)_2 + CO_2 = CaCO_3 + H_2O.$$

Durch Sauerstoff wird das Kalkwasser nicht verändert, letzteres dient daher zum Nachweis oder, wie wir zu sagen pflegen, es ist ein „Reagens" für das Kohlendioxyd.

Erwärmen wir in einem Kugelrohre Kupfer unter gleichzeitiger Überleitung von Sauerstoff, so färbt letzteres sich schwarz; es hat sich unter Gewichtszunahme Kupferoxyd CuO gebildet; das Kupfer ist oxydiert worden.

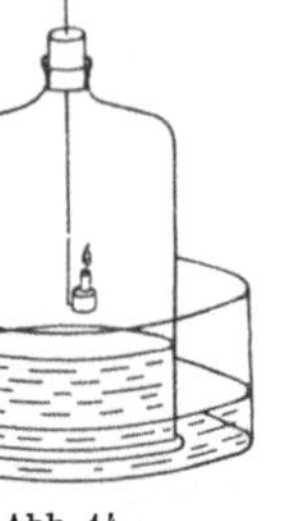

Abb. 14.
Kerze unter Glasglocke.

Die bisherigen Versuche ergaben, daß die Verbrennung durch den Sauerstoff gefördert wird; hierauf beruht die Hauptanwendung des Sauerstoffs zur autogenen Schweißung (vgl. S. 143). Ohne Sauerstoff ist aber überhaupt keine Verbrennung möglich. — Setzen wir (vgl. Abb. 14) in eine mit Wasser gefüllte Schale eine Glasglocke und führen durch deren Öffnung eine brennende Kerze ein, so wird diese beim Verschließen der Glocke bald erlöschen, weil der erforderliche Sauerstoff verbraucht ist, und das Wasser steigt um etwa ein Fünftel des Luftraumes (entsprechend dem verbrauchten Sauerstoff) in der Glasglocke. Öffnen wir nun die Glasglocke wieder, so fällt das Wasser, es strömt frische Luft hinzu. Nunmehr sind aber nur 4% Sauerstoff unter der Glasglocke vorhanden, die zur Unterhaltung der Verbrennung nicht mehr genügen; ein brennend eingeführter Span erlischt in der Glasglocke.

Die Verbrennung ist also eine Oxydation, eine Vereinigung mit dem Sauerstoff der Luft. Hiermit scheint die Beobachtung im Widerspruch zu stehen, daß die verbrennenden Körper leichter werden. Wiegt man aber deren Verbrennungsgase, so beobachtet man sofort, daß nicht eine Abnahme, sondern eine Zunahme des Gewichtes erfolgt ist.

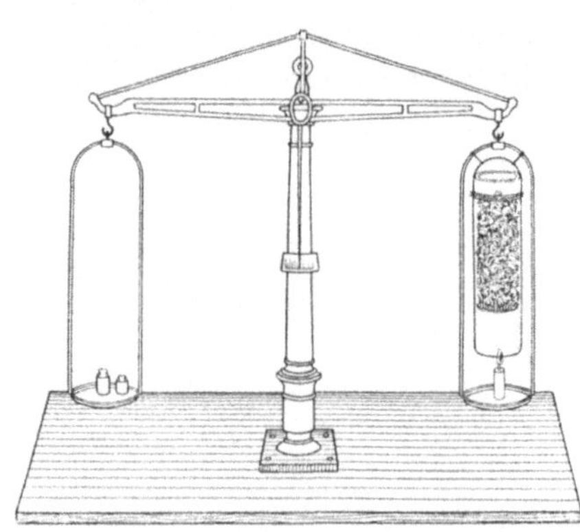

Abb. 15. Gewicht der Verbrennungsgase.

Man stelle (vgl. Abb. 15) eine Kerze auf eine Wage und hänge über diese einen Zylinder, in dessen oberem Teil sich ein Drahtkorb mit Natronkalk[1]) befindet. Nachdem die Wage ins Gleichgewicht gebracht ist, entzündet man die Kerze, deren Verbrennungsgase Wasserdampf und Kohlendioxyd vom Natronkalk gebunden werden.

---

[1]) Es ist dies mit Natronlauge gelöschter Kalk (vgl. S. 44).

Bald beobachtet man, daß die Seite der Wage, an der Kerze und Zylinder hängen, schwerer wird.

Ist nicht genügend Sauerstoff vorhanden, so entsteht statt des Kohlendioxyds CO_2, das Kohlenoxyd CO. Ersteres liefert für jedes Kilogramm verbrennende Kohle etwa 8100 WE., letzteres nur 2400 WE. Wir müssen daher dafür Sorge tragen, daß die Verbrennung in unseren Heizungsanlagen möglichst vollkommen verläuft, weil sonst die Ausnutzung der Brennstoffe keine wirtschaftliche ist. Aus dem gleichen Grunde müssen wir (außerdem auch wegen der Gefahr der die Gesundheit schädigenden Luftverschlechterung) für rauchlose Verbrennung sorgen. — Rauch nennen wir die Erscheinung, daß Kohlenstoffteilchen in den Verbrennungsgasen äußerst fein verteilt sind. Sie bedeuten, unverbrannt durch die Esse entweichend, eine mangelhafte Ausnutzung der Brennstoffe.

Diejenigen Brennstoffe, die mit Flamme verbrennen, enthalten (sofern sie nicht schon selbst Gase sind) Bestandteile, die bei der Erwärmung sich verflüchtigen und dann im luftförmigen Zustand ver-

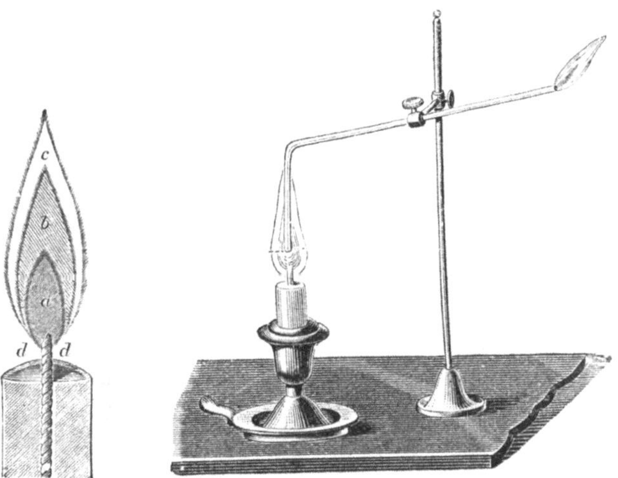

Fig. 16 und 17. Flamme.

brennen, z. B. Holz und Kohle. Eine Flamme ist daher eine verbrennende Gasmasse. Die am häufigsten vorkommenden leuchtenden Flammen entstehen meist durch Verbrennen von Kohlenstoffverbindungen. Bei jeder Kerzenflamme unterscheiden wir drei Teile (Abb. 16), nämlich erstens den dunklen Kern a, in dem noch keine Luft zutritt, also keine Verbrennung stattfindet (die Gase können von hier durch ein Röhrchen abgeleitet und entzündet werden, vgl. Abb. 17). Ferner besteht die Flamme aus der stark leuchtenden Zone b und dem schwach leuchtenden Saum c. — In b (helleuchtend) verbrennt der Wasserstoff und die glühenden Kohlenstoffteilchen werden hier abgeschieden, während in *c*, dem heißesten, aber kaum leuchtenden Teil der Flamme, die Verbrennung des Kohlenstoffs zum Abschluß gelangt. Genau so ist auch die gewöhnliche Leuchtgasflamme beschaffen.

In Abb. 18—19 ist der Bunsenbrenner dargestellt. Derselbe besteht aus dem Fuß *A* und dem Brennerrohr *B*. Durch den Fuß gelangt das Leuchtgas in den Brenner und strömt aus der feinen Spitze in das Brennerrohr, mischt sich dabei mit Luft, die es durch die Löcher der Brennerrohre ansaugt, und verbrennt dann, am oberen Teil des Rohres entzündet, mit nichtleuchtender, aber sehr heißer Flamme[1]). Durch einen auf das Brennerrohr aufgesetzten verstellbaren Ring *C* läßt sich die Luftzuführung regeln.

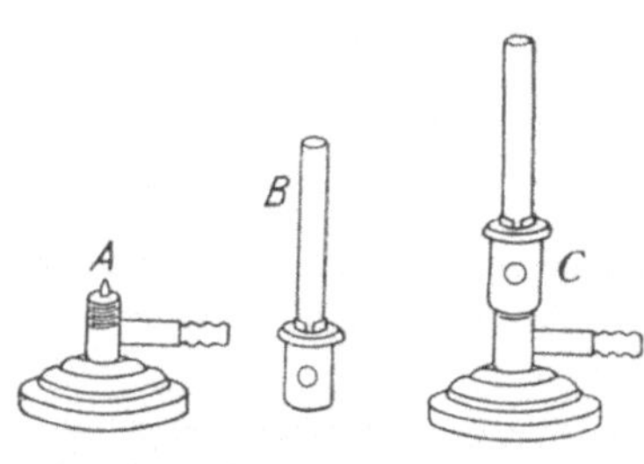

Fig. 18 und 19. Bunsenbrenner.

Bei den Gebläselampen (auch die Einrichtung des Blowers beim Schmiedefeuer ist ähnlich), z. B. Lötlampe, Daniellscher Hahn, wird die Verbrennungstemperatur durch Zuführung von Luft (bzw. Sauerstoff) unter Überdruck erhöht.

Da nun die Verbrennung auf der chemischen Bindung des Sauerstoffs beruht, so käme für gewerbliche Feuerungsanlagen, bei billigeren Herstellungspreisen, der Sauerstoff selbst oder wenigstens eine an Sauerstoff stark angereicherte Luft in Betracht.

Andererseits ergibt sich hieraus aber auch, daß die Feuerlöschvorrichtungen auf nichts anderem beruhen, als Verminderung oder vollständige Aufhebung der Sauerstoffzufuhr. Diesen Zweck erfüllt das Aufwerfen von Sand und Säcken; durch Aufspritzen von Wasser auf die Brandstelle bildet sich Wasserdampf, der den Sauerstoffgehalt in der nächsten Umgebung der Brandstelle verhältnismäßig verringert, und gleichzeitig wird der brennende Körper unter seine Entzündungstemperatur abgekühlt. In Fabriken (Modellschreinereien) bläst man zu Löschzwecken wohl auch unmittelbar Wasserdampf in den brennenden Raum ein.

Auf Schiffen dienen Kohlendioxyd CO_2 und Schwefeldioxyd SO_2 zur Brandbekämpfung. Letztere beiden Gase darf man aber wegen der Erstickungsgefahr nicht anwenden, wenn sich noch Menschen in den brennenden Räumen befinden.

Die Atmung beruht darauf, daß die Lungen dem menschlichen Körper die erforderliche Luft ansaugen, die dann in den Lungen in die Blutgefäße übertritt und an dem durch das Herz geregelten Blutlauf teilnimmt. Bei Rückkehr zu den Lungen tritt die Luft aus den Blutgefäßen wieder aus und wird durch entsprechende Mengen frischer

---

[1]) Sogenannte Bunsenflamme.

Luft ersetzt. Die ausgeatmete Luft enthält vier Fünftel der ursprünglichen Sauerstoffmenge, dagegen die 150-fache Menge Kohlendioxyd. Der Sauerstoff ist offenbar zur Bildung des Kohlendioxyds verbraucht worden, es hat somit eine Oxydation, eine Verbrennung, im Innern des Körpers stattgefunden. (Beweis: Die gewöhnliche Körpertemperatur beträgt 37°.) Das Kohlendioxyd weisen wir in der ausgeatmeten Luft durch Kalkwasser nach. (Trübung. Vgl. S. 25.)

Da somit die Atmung gleichbedeutend mit Sauerstoffaufnahme ist, so wird der Sauerstoff vielfach zur künstlichen Atmung benutzt für Taucher, Feuerwehrleute, Rettungsmannschaften bei Grubenbränden, für Flieger bei Fahrten in hohe (dünne) Luftschichten und zu Wiederbelebungsversuchen bei Ertrunkenen.

Die Menge des vom Menschen täglich ausgeatmeten Kohlendioxydes beträgt etwa $^1/_2$ cbm; weil nun ein Kohlendioxydgehalt von mehr als 2 % tödlich wirkt, so muß man in Räumen, in denen sich viele Personen aufhalten, für genügende Zufuhr von frischer Luft sorgen, durch häufiges Öffnen der Fenster bzw. Abführung der verbrauchten Luft durch Lüftungsschächte, die nötigenfalls mit elektrischen Lüftern (Ventilatoren) zu versehen sind. Da ferner Kohlenheizung und Gasbeleuchtung den Sauerstoff des Raumes verbrauchen und Kohlendioxyd bilden, so ist es zweckmäßiger, Dampfheizung und elektrisches Licht einzurichten. In Städten empfiehlt es sich auch, zur Luftverbesserung gärtnerische Anlagen zu schaffen; denn die Pflanzen binden das Kohlendioxyd, d. h. sie atmen es ein, zerlegen es in Gegenwart von Wasser unter der Einwirkung des Sonnenlichtes in Zellulose, dem Hauptbestandteile aller Pflanzen, und Sauerstoff, der von den Pflanzen ausgeatmet wird.

$$6\,CO_2 \; + 5\,H_2O = C_6H_{10}O_5 + \; 6\,O_2$$
Kohlendioxyd + Wasser = Zellulose + Sauerstoff.

Der hierdurch bedingte hohe Sauerstoffgehalt der Waldluft ist daher für Kranke und Genesende von großer Bedeutung. Zweifelhaft ist dagegen der gesundheitliche Wert der „ozonreichen Waldluft".

Ozon O_3 ist dreiatomiger Sauerstoff, der sich namentlich bei Gewittern in der Luft bildet, allmählich aber wieder in gewöhnlichen Sauerstoff übergeht. Das Ozon wirkt stark oxydierend, hat einen eigenartigen Geruch, in größerer Menge eingeatmet ruft es aber Vergiftungserscheinungen hervor. — Die Ozonröhre von W. v. Siemens besteht

Abb. 20. Ozonröhre nach Siemens.

aus zwei ineinander stehenden Glasröhren; in dem zwischen beiden liegenden Luftraum findet die elektrische Entladung und damit die Ozonbildung statt, wenn eine Hochspannung von etwa 15 000 Volt an die

Stanniolbeläge der inneren und äußeren Glaswandungen gebracht wird
(vgl. Abb. 20). Bessere Ausbeute erhält man, wenn man Sauerstoff
statt Luft in die Röhre leitet.

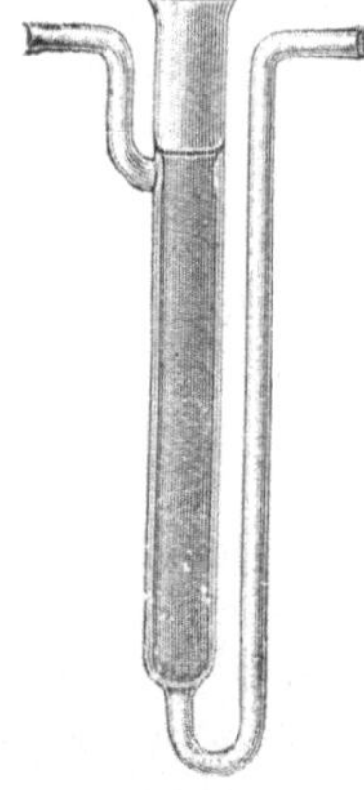

Abb. 21. Ozonröhre nach Siemens-Berthelot.

Die technische Ozondarstellungseinrichtung beruht auf der Bauart der Röhre von Siemens-
Berthelot (Abb. 21), bei der die Stanniolbeläge
durch Wasser derartig ersetzt sind, daß die äußere
der zusammengeschmolzenen Glasröhren in einem
Wassergefäß steht und der Innenraum der Innenröhre fast ganz mit Wasser gefüllt wird. In das
äußere Wassergefäß taucht der eine, in das innere
der andere Pol der Hochspannungsanlage. Der
technische Ozonapparat der Ozongesellschaft in
Berlin besteht (vgl. Abb. 22) aus 6—8 Ozonelementen, die in einem Gußeisenkasten liegen.
Der mit Wasser gekühlte Außenpol ist aus Glas,
der innere aus Aluminiumzylindern hergestellt.
Der Kasten hat einen kammerartig erweiterten
Boden und Deckel, zur Zuleitung von Luft bzw.
Ableitung von Ozon. Der Eisenkasten mit dem Kühlwasser und den
Glaszylindern liegt an einem Pol der Hochspannung und ist geerdet,

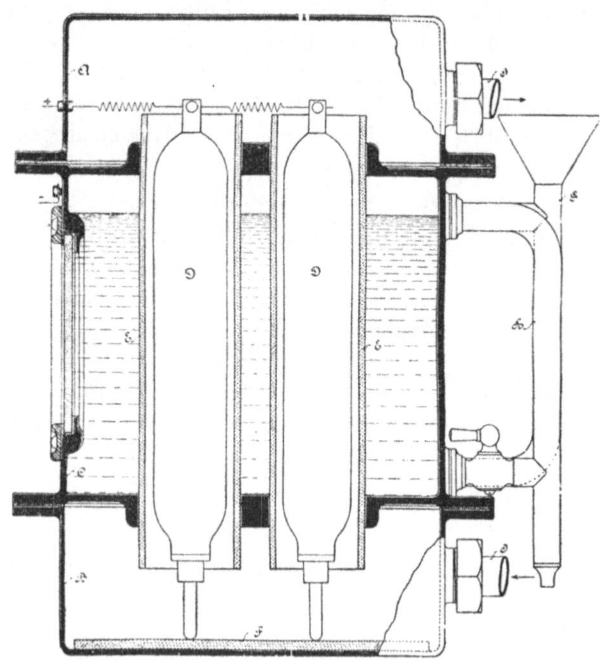

Abb. 22. Ozonapparat von der Ozongesellschaft.

$\mathcal{A}$ Oberer Deckel, $\mathcal{B}$ unterer Deckel, $\mathcal{C}$ Mittelstück, $\mathcal{D}$ Innenpol, $\mathcal{E}$ Glaszylinder, $\mathcal{F}$ Isolierglasplatte, $\mathcal{G}$ Zuflußrohr (Wasserkühlung), $\mathcal{H}$ Abflußrohr (Wasserkühlung), $\mathcal{J}$ Ozonluftleitung.

so daß er auch während des Betriebes gefahrlos berührt werden kann. Der andere Pol wird gut isoliert in das Kasteninnere geführt und ist während des Betriebes unzugänglich. Derartige Apparate werden zu Batterien vereinigt, vielfach bei Wasserreinigungsanlagen u. a. m. gebraucht.

Das Ozon ensteht auch bei der Elektrisiermaschine und bei den Transformatoren. — In der Praxis benutzt man es zur Garnbleicherei, mit Ventilatoren verteilt, zur Keimfreimachung des Trinkwassers. Abb. 23 zeigt das Ozonwasserwerk der Stadt St. Petersburg. Die Ozonisierung erfolgt hier in den zur Keimfreimachung bestimmten Türmen, die mit Steinen gefüllt sind, über die das Wasser herabrieselt, während das Ozon von unten nach oben strömt.

8. Die Eigenschaften des Wasserstoffes.

Der Wasserstoff ist ein farb-, geschmack- und geruchloses Gas, spezifisches Gewicht 0,0693, also 14,5 mal so leicht als die Luft, wie man durch Wägung leicht feststellen kann, indem man eine Glasglocke mit der Öffnung nach unten an eine Wage hängt und diese wieder ins Gleichgewicht bringt. Sowie man Wasserstoff unter die Glocke leitet, wird diese leichter. Der Wasserstoff brennt mit nicht leuchtender, aber sehr heißer Flamme; er hat den größten Heizwert aller Brennstoffe, nämlich 1 kg H gleich 34100 WE.,

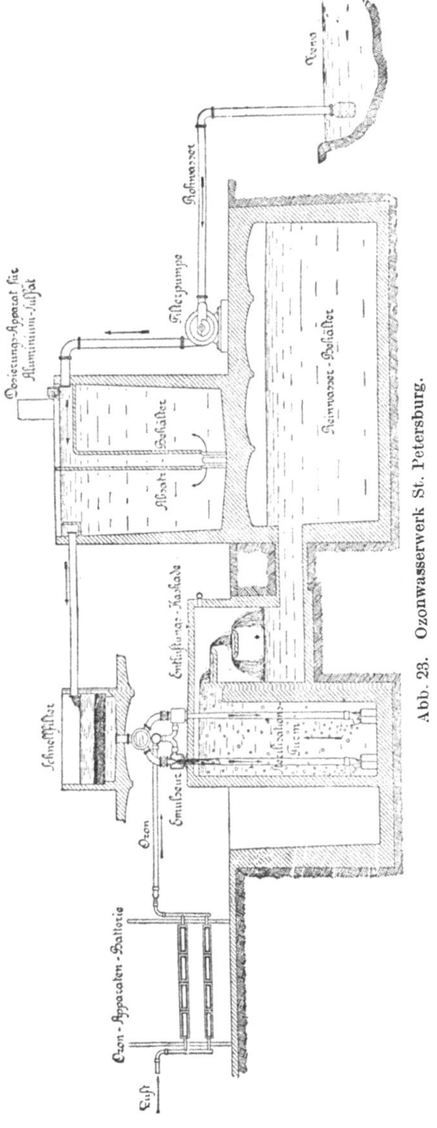

Abb. 23. Ozonwasserwerk St. Petersburg.

worauf seine Verwendung zum Löten und Schweißen beim Knallgasgebläse beruht (vgl. S. 143). Auch der hohe Heizwert gewisser in der Technik gebrauchter Brennstoffe (Leuchtgas, Generatorgas, Wassergas) beruht auf deren Wasserstoffgehalt.

Leitet man Wasserstoff durch ein erwärmtes Glasrohr, in dem sich Kupferoxyd befindet, so verwandelt sich letzteres in Kupfer:

$$CuO + H_2 = Cu + H_2O.$$

Das entstehende Wasser schlägt sich an den Röhrenwandungen nieder. Eine derartige Sauerstoffentziehung nennt man „Reduktion", im Gegensatz zur Sauerstoffzufuhr, der Oxydation. Bei unserem Versuche wird also das Kupfer reduziert, der Wasserstoff oxydiert. Andere Reduktionsmittel der Technik sind Kohlenstoff, Kohlenoxyd und viele Metalle (Blei, Aluminium).

Füllt man Seifenblasen mit einem Gemisch von zwei Raumteilen Wasserstoff und einem Raumteil Sauerstoff, so verbrennt dieses beim Entzünden unter heftiger Explosion; daher bezeichnet man das genannte Gemisch als „Knallgas". Eine Explosion ist eine meist durch chemische Ursache bedingte, mit starkem Knall verbundene, plötzliche bedeutende Raumausdehnung eines Stoffes (Gasbildung).

Ganz allgemein versteht man unter Knallgas das Gemisch von Sauerstoff oder Luft einerseits und einem brennbaren luftförmigen Körper, wie Wasserstoff, Leuchtgas, Azetylen, Benzin- oder Petroleumdampf, andererseits (Anwendung bei den Verbrennungskraftmaschinen).

Hieraus ergibt sich, besonders für geschlossene Räume, die Gefahr der undichten Leuchtgasleitungen, die die Bildung eines Knallgasgemisches zur Folge haben können, was eine Explosion herbeiführen kann. Man darf daher solche Räume ebensowenig mit einem brennenden Licht betreten, wie auch Hallen, in denen sich elektrische Akkumulatorenanlagen befinden, die bekanntlich bei der Ladung stets Wasserstoff entwickeln.

Wegen des geringen spezifischen Gewichtes benutzt man den Wasserstoff zum Füllen der Motorluftschiffe, während für Freiballons, wegen ihrer geringeren Belastung, das wesentlich schwerere, aber um 80 % billigere Leuchtgas verwendet wird. Unter dem Eigengewicht des Luftschiffs versteht man die Summe aus dem Gewicht des Ballons und des zum Füllen benutzten Gases. Die Tragkraft ist gleich dem Unterschied zwischen Eigengewicht des Ballons und dem Gewicht der von ihm verdrängten Luft. Man kann aber die Tragkraft nie voll ausnutzen, muß vielmehr einen gewissen Unterschied bestehen lassen, sonst würde der Ballon keinen Auftrieb haben, d. h. er würde am Erdboden schweben, aber nicht hochsteigen. Der Ballon steigt so lange, bis er diejenige Höhe (d. h. eine so dünne Luftschicht) erreicht hat in der sein Eigengewicht gleich dem der verdrängten Luft ist. Die größte Steighöhe beträgt für Motorballons 3000 m, für bemannte Freiballons 9000 m; denn der Luftdruck ist in 5600 m nur noch gleich der Hälfte und bei 10 000 m nur noch ein Viertel desjenigen an der Erdoberfläche.

IV. Die Sauerstoffverbindungen (Säuren, Basen und Salze).

1. Die verschiedenen Oxydationsarten.

Wir machen folgende zwei Versuche:

a) Natrium, ein Metall, das sich an der Luft so leicht oxydiert, daß es unter Petroleum aufbewahrt werden muß, wird in einem Porzellanschälchen verbrannt. Es entsteht eine weiße Asche, das Natriumoxyd Na_2O, das sich in Wasser zu NaOH Natriumhydroxyd (Natronlauge) löst. Letzteres färbt die Lösung von Phenolphthaleïn (Teerabkömmling) rot und vorher rotes Lackmus (Pflanzenfarbstoff) blau. Solche Hydroxyde werden auch Laugen oder Basen genannt, z. B. KOH und NaOH (Kennzeichen die Hydroxylgruppe OH).

b) Schwefel wird verbrannt. Es entsteht ein stechend riechendes Gas: SO_2 Schwefligsäureanhydrid (Schwefeldioxyd), das sich in Wasser zu schwefliger Säure H_2SO_3 löst. Letztere entfärbt vorher rotes Phenolphthaleïn und färbt blaues Lackmus rot.

Säuren und Basen zeigen also ein entgegengesetztes Verhalten, sowohl gegen Phenolphthaleïn als gegen Lackmus. Da diese Farbstoffe zur Unterscheidung von Säuren und Basen dienen, so bezeichnet man sie als Reagentien. Sie geben mit Säuren die sogenannte saure Reaktion, mit Basen die basische oder alkalische Reaktion.[1] Zur Erkennung der Säuren und Basen bringt man auch sogenanntes Reagenzpapier in den Handel, das mit Phenolphthaleïn bzw. Lackmus getränkt ist.

2. Metalle und Nichtmetalle.

Man kann die Elemente nach ihrem Verhalten bei der Oxydation als Metalle und Nichtmetalle unterscheiden.

Nichtmetalle, wie der Schwefel, vereinigen sich mit Sauerstoff zu Säureanhydriden, die sich in Wasser zu Säuren lösen, welch letztere die oben erwähnte saure Reaktion geben. — Metalle, wie das Natrium, vereinigen sich dagegen mit Sauerstoff zu Oxyden, diese mit Wasser zu Hydroxyden, die die basische (alkalische) Reaktion geben.

Ganz streng läßt sich die Unterscheidung nicht durchführen, manche Metalle zeigen die Eigenschaften der Nichtmetalle und umgekehrt. Im allgemeinen haben aber beide Arten von Elementen noch folgende Unterschiede:

Die Metalle besitzen Glanz, sind gute Leiter für Wärme und Elektrizität und befinden sich bei gewöhnlicher Temperatur im festen Aggregatzustand, außer dem luftförmigen Wasserstoff und dem flüssigen Quecksilber.

---

[1] Alle Stoffe mit alkalischer Reaktion nennt man Alkalien. Diese zeigen also gegen Lackmus und Phenolphthaleïn das entgegengesetzte Verhalten wie die Säuren.

Die Nichtmetalle sind dagegen glanzlos, schlechte Wärme- und Elektrizitätsleiter (zum Teil sogar Isolatoren); auch ist bei ihnen der feste Aggregatzustand nicht vorherrschend.

Metalle sind also z. B. Gold, Platin, Eisen, Kupfer u. a. m. Nichtmetalle sind dagegen Sauerstoff, Stickstoff, Schwefel, Phosphor, Kohlenstoff u. a. m.

3. Die Salzbildung.

Fügen wir zu einer bestimmten Menge Schwefelsäure tropfenweise Natronlauge, so wird schließlich ein Mischungsverhältnis erreicht werden, bei dem die Lösung weder Lackmus noch Phenolphthaleïn verändert; es hat sich aus beiden Stoffen ein neuer gebildet, der auf die genannten Reagentien ohne Einfluß ist, sich also neutral verhält. Dieser neue Stoff ist ein Salz, das schwefelsaure Natrium oder Natriumsulfat Na_2SO_4

$$H_2SO_4 \; + \; 2\,NaOH = Na_2SO_4 \; + H_2O$$
Schwefelsäure + Natronlauge = Natriumsulfat + Wasser.

Durch Vereinigung von Säuren und Basen entstehen also Salze, und zwar meist unter starker Wärmeentwickelung. — Die Hinzufügung einer Base zu einer Säure oder umgekehrt bis zum Eintritt des neutralen Verhaltens, der sogenannten neutralen Reaktion, bezeichnen wir als „Neutralisation".

Solche Neutralisationen müssen häufig in der Praxis vorgenommen werden, wenn Fabrikabwässer, die freie Säuren oder Basen enthalten, dem Fußlaufe zugeführt werden sollen, da die Salze im allgemeinen weniger schädlich sind, wie freie Säuren oder Basen (z. B. die Abwässer der Metallbeizereien). Ist ein Salz so beschaffen, daß der Wasserstoff der Säure nicht vollständig durch Metall ersetzt ist, so bezeichnen wir es als saures Salz. — Ist bei einem Salz im Molekül noch die Hydroxylgruppe der Basen enthalten, so ist es ein basisches Salz. — Im Gegensatz zu beiden stehen die neutralen Salze, bei denen der Wasserstoff der Säure vollständig durch Metall ersetzt ist, und die im Molekül nicht mehr die Hydroxylgruppe enthalten, z. B.:

$$CaH_2(CO_3)_2 \qquad\qquad Pb_3{(CO_3)_2 \atop (OH)_2}$$
Saures kohlensaures Kalzium   Basisch kohlensaures Blei (Bleiweiß)

und ein neutrales Salz:

$$CaSO_4$$
Schwefelsaures Kalzium.

4. Die Elektrolyse.

Bei der Wasserzersetzung haben wir ein Beispiel für die chemische Umsetzung durch den elektrischen Strom, kurz die Elektrolyse genannt, kennen gelernt. Der Strom ging hierbei von der einen Elektrode zur anderen durch die Flüssigkeit, dem sogenannten Elektrolyten, die dabei den Strom leitete. (Flüssigkeiten leiten bekanntlich den Strom nur, wenn sie von demselben chemisch zersetzt werden.) Die vom

Strom zuerst berührte Elektrode bezeichnen wir als positive oder Anode, die andere als negative oder Kathode. — Bei der Elektrolyse des Wassers entsteht der Wasserstoff an der Kathode, der Sauerstoff an der Anode.

Zur Erklärung des elektrolytischen Vorgangs denken wir uns die in wässriger Lösung befindlichen Moleküle der Elektrolyse mehr oder weniger in elektrisch geladene frei bewegliche Teile, sogenannte Ionen, gespalten, die man, je nachdem, ob sie positiv oder negativ sind, als Anionen bzw. Kationen bezeichnet. Sie werden von dem elektrischen Strome den Elektroden zugeführt.

Kationen sind: $H^{.}$, $K^{.}$, $Cu^{..}$, Anionen dagegen S'', OH', NO_3', SO_4'' usw. Die Punkte bei den Kationen bzw. die Striche bei den Anionen geben die Wertigkeitszahl an, mit der die Ionen in Erscheinung treten. An den Elektroden angelangt, geben die Ionen ihre geringen Elektrizitätsmengen ab und werden molekular abgeschieden oder nachträglich mit Wasser oder dem Elektrodenstoff selbst erst noch chemisch umgesetzt.

Ist z. B. das Wasser bei der Elektrolyse mit Schwefelsäure versetzt, so ist H_2 das Kation und SO_2 das Anion; letzteres setzt sich mit dem Wasser wieder in Schwefelsäure und Sauerstoff um:

$$H_2SO_4 = \underset{\text{Kathode}}{H_2} + \underset{\text{Anode}}{SO_4} \quad \text{und} \quad SO_4 + H_2O = \underbrace{H_2SO_4 + O}_{\text{Anode.}}$$

Zersetzen wir in ähnlicher Weise eine Lösung von Kupfervitriol $CuSO_4$ in Wasser, so entsteht Kupfer an der Kathode und Sauerstoff an der Anode (vgl. „Galvanotechnik" S. 131):

$$CuSO_4 = \underset{\text{Kathode}}{Cu} + \underset{\text{Anode}}{SO_4} \quad \text{und} \quad SO_4 + H_2O = \underbrace{H_2SO_4 + O}_{\text{Anode.}}$$

Ebenso verläuft die Elektrolyse von Höllensteinlösung (salpetersaures Silber in Wasser gelöst):

$$AgNO_3 = \underset{\text{Kathode}}{Ag} + \underset{\text{Anode}}{NO_3} \quad \text{und} \quad NO_3 + H_2O = \underbrace{2HNO_3 + O}_{\text{Anode.}}$$

In ganz entsprechender Weise zerfällt eine Lösung von Natriumsulfat (Na_2SO_4) in Wasser, in Natronlauge $NaOH$ an der Kathode und Schwefelsäure H_2SO_4 an der Anode. — Die metallischen Zersetzungsbestandteile scheiden sich also bei der Elektrolyse stets an der Kathode, die nichtmetallischen dagegen an der Anode ab. Hiervon machen wir beim sogenannten „Polreagenzpapier" Anwendung, das zur Erkennung des negativen Pols einer elektrischen Anlage dient. Dies Papier ist mit einer Lösung von Natriumsulfat und Phenolphthaleïn getränkt und dann getrocknet. Wird das Papier angefeuchtet und mit den Polen einer elektrischen Batterie verbunden, so tritt eine elektrolytische Umsetzung (wie oben angegeben) ein, an der Kathode entsteht Natronlauge, die das Phenolphthaleïn rot färbt und so den negativen Pol der Batterie leicht erkennen läßt.

Für die Theorie dieser Vorgänge ist die Kenntnis der Gesetze von Ohm und Faraday erforderlich, deren ausführliche Begründung aber der Elektrotechnik vorbehalten bleiben muß:

a) Das Ohmsche Gesetz. Wenn ein elektrischer Strom durch einen Leiter geht, so hat man drei Größen zu beachten: erstens die nach Volt gemessene Spannung (elektromotorische Kraft), die an den Enden eines Leiters in Erscheinung tritt, und den Strom durch den Leiter treibt, zweitens den nach Ohm gemessenen Widerstand, den der Leiter, je nach seiner stofflichen Beschaffenheit, der Spannung entgegensetzt, drittens die nach Ampere gemessene Stromstärke, d. i. die Strommenge, die den Leiter in der Sekunde durchströmt. Diese drei Größen stehen nach dem Ohmschen Gesetz in der Beziehung: Stromstärke (I) gleich Spannung (E) durch Widerstand (W), also:

$$I = \frac{E}{W}.$$

Ein Volt ist die Spannung, die die Einheit der Strommenge, d. i. ein Coulomb, in der Sekunde durch den Widerstand von einem Ohm treibt. — Ein 57,4 m langer Kupferdrath von 1 qmm Querschnitt hat den Widerstand von einem Ohm. Gehen durch einen Leiter während 1½ Stunde 400 Coulomb hindurch, so ist die Stromstärke 400 : 90 = 4,45 Ampere. Das Watt ist die Leistung eines Stromes von 1 Ampere bei einer Spannung von 1 Volt. 1000 Watt sind gleich 1 Kilowatt (KW.), gleich der mechanischen Arbeit von 102 kg/m in der Sekunde. Die Stromstärke von 1 Ampere scheidet in der Sekunde 0,001118 g Silber aus der Lösung aus.

b) Faradays Gesetz: Nach dem Gesetz von Faraday werden von gleich starken Strömen in der Zeiteinheit aus den zu zersetzenden Elektrolyten die Bestandteile im Verhältnis ihrer Atomgewichte, dividiert durch ihre Wertigkeitszahlen, abgeschieden. In der gleichen Zeit werden also durch gleich starke Ströme $\frac{107,9}{1}$ g Silber, dagegen $\frac{63,6}{2}$ g Kupfer aus ihren Lösungen ausgeschieden. — Nach den obigen Erklärungen des elektrolytischen Vorgangs kann zu elektrochemischen Zersetzungen unter gewöhnlichen Verhältnissen nur Gleichstrom, nie Wechselstrom zur Verwendung kommen.

5. Übersicht über die wichtigsten Säuren.

Name der Säure	Formel der Säure	Formel des Anhydrids	Name der Salze
Schweflige Säure .	H_2SO_3	SO_2	Sulfite
Schwefelsäure . .	H_2SO_4	SO_3	Sulfate
Salpetersäure . . .	HNO_3	N_2O_5	Nitrate
Salzsäure	HCl	—	Chloride
Chlorsäure	$HClO_3$	Cl_2O_5	Chlorate
Kohlensäure . .	H_2CO_3	CO_2	Karbonate
Phosphorsäure . .	H_3PO_4	P_2O_5	Phosphate
Kieselsäure	H_4SiO_4	SiO_2	Silikate

6. Übersicht über die wichtigsten Oxyde und Hydroxyde.

Metall	Oxyd	Hydroxyd	Chlorid
Al Aluminium	Al_2O_3 Aluminiumoxyd	$Al(OH)_3$ Aluminiumhydroxyd	$AlCl_3$ Aluminiumchlorid
Ba Barium	BaO Bariumoxyd	$Ba(OH)_2$ Bariumhydroxyd	$BaCl_2$ Bariumchlorid
Pb Blei	PbO Bleioxyd (Bleiglätte)	$Pb(OH)_2$ Bleihydroxyd	$PbCl_2$ Bleichlorid
	Pb_3O_4 Bleioxydoxydul (Mennige)		
	PbO_2 Bleisuperoxyd		
Fe Eisen	FeO Eisenoxydul	$Fe(OH)_2$ Eisenhydroxydul (Ferrohydroxyd)	$FeCl_2$ Eisenchlorür (Ferrochlorid)
	Fe_2O_3 Eisenoxyd	$Fe(OH)_3$ Eisenhydroxyd (Ferrihydroxyd)	$FeCl_3$ Eisenchlorid (Ferrichlorid)
	Fe_3O_4 Eisenoxydoxydul		
K Kalium	K_2O Kaliumoxyd	$K(OH)$ Kalilauge	KCl Kaliumchlorid
Ca Kalzium	CaO Kalziumoxyd	$Ca(OH)_2$ Kalziumhydroxyd	$CaCl_2$ Kalziumchlorid
Cu Kupfer	Cu_2O Kupferoxydul	$Cu_2(OH)_2$ Kupferhydroxydul (Kuprohydroxyd)	Cu_2Cl_2 Kupferchlorür (Kuprochlorid)
	CuO Kupferoxyd	$Cu(OH)_2$ Kupferhydroxyd (Kuprihydroxyd)	$CuCl_2$ Kupferchlorid (Kuprichlorid)
Na Natrium	Na_2O Natriumoxyd	$Na(OH)$ Natriumhydroxyd (Natronlauge)	$NaCl$ Natriumchlorid
Hg Quecksilber	Hg_2O Quecksilberoxydul	$Hg_2(OH)_2$ Quecksilberhydroxydul (Merkuro-hydroxyd)	Hg_2Cl_2 Quecksilberchlorür (Merkuro-chlorid)
	HgO Quecksilberoxyd	$Hg(OH)_2$ Quecksilberhydroxyd (Merkuri-hydroxyd	$HgCl_2$ Quecksilberchlorid (Merkuri-chlorid)
Ag Silber	Ag_2O Silberoxyd	$Ag(OH)$ Silberhydroxyd (unbeständig)	$AgCl$ Silberchlorid
Zn Zink	ZnO Zinkoxyd	$Zn(OH)_2$ Zinkhydroxyd	$ZnCl_2$ Zinkchlorid
Sn Zinn	SnO Zinnoxydul	$Sn(OH)_2$ Zinnhydroxydul (Stannohydroxyd)	$SnCl_2$ Zinnchlorür (Stannochlorid)
	SnO_2 Zinnoxyd	$Sn(OH)_4$ Zinnhydroxyd (Stannihydroxyd)	$SnCl_4$ Zinnchlorid (Stannichlorid)

Wir ersehen aus dieser Tabelle, daß wenn ein Metall außer dem gewöhnlichen Oxyd noch an Sauerstoff ärmere bzw. reichere Oxyde bildet, so werden diese als Oxydule, Oxydoxydule und Superoxyde bezeichnet. — Die Salze der Oxydule erhalten den Endvokal „o", um sie von den Salzen der Oxyde zu unterscheiden, die den Endvokal „i" bekommen; z. B. Ferrochlorid und Ferrichlorid.

7. Schweflige Säure und Schwefelsäure.

Der Schwefel S (zwei-, vier- und sechswertig) findet sich als gediegenes Mineral besonders auf Sizilien, und wird dort durch Ausschmelzen vom anhaftenden Gestein und nachheriger Destillation gereinigt (Schmelzpunkt 115°, Siedepunkt 445°). Er kommt in Pulverform (Schwefelblumen) oder in festen Stücken (Stangenschwefel) in den Handel. Der Schwefel findet sich ferner in den Schwefelerzen, die man als Kiese, Glanze und Blenden unterscheidet; z. B. Eisenkies FeS_2, Bleiglanz PbS und Zinkblende ZnS.

Flüssiger Schwefel in Wasser gegossen bildet eine zähe, knetbare, gummiartige Masse, die nach einiger Zeit erstarrend, sich zum Formen für kunstgewerbliche Zwecke eignet. Sonstige praktische Anwendungen des Schwefels sind folgende: a) Zur Herstellung von Zündhölzern. b) Darstellung von Schießpulver. c) Zur Vulkanisierung des Kautschuks (Gummi). d) Herstellung des Gußkittes, eines Gemisches von Eisenfeilspänen, Schwefel und Salmiak, das mit Wasser zu einer teigigen Masse angerührt ist. e) Nicht mehr gebräuchlich ist die Anwendung des Schwefels zum Einkitten der für elektrische Leitungen verwendeten Porzellanisolatoren; als Ersatz dient ein Gemisch von Bleiglätte und Glyzerin. f) Zum Einkitten von Eisenstangen, Verankerungen in Stein usw. benutzt man flüssigen Schwefel, der sich hierbei mit dem Eisen zu Schwefeleisen verbindet. g) Zur Herstellung von Schwefelkohlenstoff CS_2 leitet man Schwefeldampf bei Luftausschluß über glühende Kohlen. Schwefelkohlenstoff ist eine meist schwach gelbliche, stark lichtbrechende, feuergefährliche Flüssigkeit, in der sich viele Stoffe auflösen, z. B. Schwefel, Phosphor, Jod u. a. m. Der Schwefelkohlenstoff dient zum Vulkanisieren des Gummis (vgl. S. 83) und zu Zwecken der Keimfreimachung. h) Zur Herstellung des Schwefeldioxyds SO_2 (Schwefligsäureanhydrid), durch Verbrennen des Schwefels $S + O_2 = SO_2$. Im großen gewinnt man das Schwefeldioxyd in der Hüttentechnik meistens durch den Röstprozeß, d. h. die erwähnten Schwefelerze werden unter Luftzutritt erhitzt (oxydiert), z. B. der Bleiglanz:

$$2\,PbS + 3\,O_2 = 2\,PbO + 2\,SO_2.$$

Der Bleiglanz und alle derartigen Schwefelerze sind Salze des Schwefelwasserstoffs H_2S (sehr schwache Säure), sogenannte Sulfide, aus denen durch Einwirkung von Säuren der Schwefelwasserstoff entsteht, z. B.

$$ZnS + 2\,HCl = ZnCl_2 + H_2S$$

Zinkblende (Zinksulfid) + Salzsäure = Zinkchlorid + Schwefelwasserstoff.

Der Schwefelwasserstoff ist ein farbloses, wasserlösliches Gas von widerlichem Geruch, das auch bei der Eiweißfäulnis entsteht (giftig). Es ist stets im rohen Leuchtgas enthalten. Zum Nachweis von Schwefelwasserstoff dient Bleipapier (mit Bleisalzlösung getränktes Papier), das durch den Schwefelwasserstoff dunkelbraun gefärbt wird, infolge der Bildung von Bleisulfid PbS.

Das Schwefeldioxyd ist ein farbloses Gas von stechendem Geruch, das bei $-8°$ siedet; es wird in Stahlflaschen verflüssigt in den Handel gebracht. In Wasser löst es sich, wie erwähnt, zu H_2SO_3, schweflige Säure, auf, die aber beim Eindampfen der Lösung wieder in $SO_2 + H_2O$ zerfällt. Die schwefligsauren Salze, die Sulfite, werden z. B. bei der Herstellung des Papiers gebraucht (vgl. S. 100). Wichtig ist auch das Natriumsalz der unterschwefligen Säure, auch Thioschwefelsäure genannt (welch letztere aber im freien Zustand nicht vorkommt), das Natriumthiosulfat $Na_2S_2O_3 + 5 H_2O$. Dasselbe findet zum Fixieren in der Photographie Verwendung.

Das Schwefeldioxyd selbst wird in der Technik zu folgenden Zwecken verwendet:

a) als Verdunstungsflüssigkeit bei der Eismaschine (vgl. S. 52);

b) bei der Kaltdampfmaschine, die darauf beruht, daß das Schwefeldioxyd, durch den Abdampf erwärmt, schon bei verhältnismäßig niedriger Temperatur hohe Spannungen liefert, die zu Kraftzwecken ausgenutzt werden können;

c) zum Bleichen von Wolle und Seide;

d) zum Keimfreimachen (Ausschwefeln von Fässern und Konservenbüchsen);

e) bei Feuerlöschapparaten (sogenannten Clayton-Apparaten zur Löschung von Schiffsbränden), insbesondere löscht man auch Schornsteinbrände, indem man Schwefel in dem gefährdeten Kamin entzündet; das entstehende SO_2 erstickt die Flamme. Einer besonderen Beachtung bedarf dagegen das Schwefeldioxyd, falls es sich ständig in größeren Mengen beim Verbrennen der Steinkohlen bildet (infolge des Schwefelgehaltes der Kohlen). In reichlicher Menge der Luft beigemischt wirkt es ungünstig auf die Atmung und greift auch kalkhaltige Bausteine an, zerstört eiserne Schornsteine u. a. m. Es erklärt sich dies durch die allmähliche Bildung von Schwefelsäure, durch Oxydation;

f) zur Schwefelsäurefabrikation.

In dem in Abb. 24 dargestellten Apparate leiten wir durch die Glasröhren a und b Sauerstoff ein. Der durch b strömende geht durch das Reagenzglas C, in dem sich brennender Schwefel befindet. Das so gebildete Schwefeldioxyd strömt mit dem Sauerstoff durch das Rohr D, das ein Wattefilter zur Reinigung des Gasgemisches enthält, dann durch das Rohr E, das mit platiniertem Asbest (d. i. Asbest, der äußerst fein verteiltes Platin enthält) gefüllt ist und durch den darunter befindlichen Bunsenbrenner erhitzt wird. Durch den platinierten Asbest vereinigen sich beide Gase, indem sie durch denselben aufgesaugt und verdichtet werden, zu Schwefeltrioxyd SO_3, das in der gut gekühlten Vorlage F gesammelt wird.

$$SO_2 + O = SO_3.$$

Das Schwefeltrioxyd (Schwefelsäureanhydrid) vereinigt sich mit Wasser zu konzentrierter Schwefelsäure. — Diese im großen vielfach benutzte Darstellungsart wird das Kontaktverfahren genannt[1]), im Gegensatz zu dem in der Technik ebenfalls gebräuchlichen, älteren Bleikammerverfahren bei dem man zunächst verdünnte Schwefelsäure in den Bleikammern erhält (das sind große, ganz mit Blei ausgeschlagene Räume), indem man auf SO_2, Salpetersäuredämpfe, Luft und

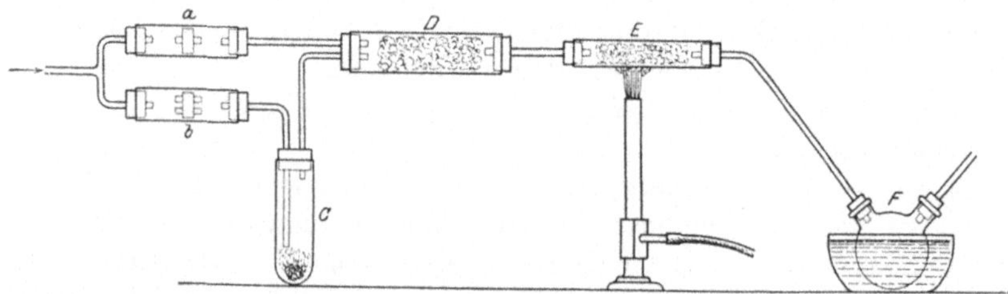

Abb. 24. Schwefelsäurefabrikation.

Wasserdampf einwirken läßt. Die entstandene Säure wird zunächst in Bleipfannen, dann in Platingefäßen, eingedampft.

Die reine konzentrierte Schwefelsäure ist eine farblose Flüssigkeit (spezifisches Gewicht 1,85), die eine große chemische Verwandtschaft zum Wasser zeigt, das bzw. dessen Grundstoffe sie anderen Stoffen entzieht. Aus diesem Grunde verkohlen Holz und Zucker in Berührung mit Schwefelsäure (infolge Wasserentziehung).

$$C_6H_{10}O_5 = 5\,H_2O + 6\,C$$
Holz (Zellulose) = Wasser + Kohlenstoff

$$C_{12}H_{22}O_{11} = 11\,H_2O + 12\,C$$
Zucker = Wasser + Kohlenstoff.

Die große Affinität der Schwefelsäure zum Wasser, die übrigens darauf zu beruhen scheint, daß H_6SO_6 durch Aufnahme von zwei Molekülen Wasser entsteht, tritt auch durch die außerordentliche Temperaturerhöhung bei Mischung beider Flüssigkeiten in Erscheinung. Um Unfälle zu verhüten, muß man daher die Säure zum Wasser gießen, niemals umgekehrt. — Die Schwefelsäure findet folgende Verwendungen:

---

[1]) Die Bezeichnung kommt daher, daß der Chemiker solche Stoffe, mit denen berührt, sich zwei andere vereinigen, Kontaktsubstanzen nennt.

a) zum Trocknen von Gasen (wegen der Wasserentziehung);

b) zur Darstellung anderer Säuren. Die Schwefelsäure setzt als stärkste Säure alle anderen Säuren aus ihren Salzen in Freiheit, wie wir im folgenden sehen werden;

c) im Gemisch mit Salpetersäure zur Sprengstoffherstellung (vgl. S. 82).

d) Verdünnte Schwefelsäure dient zur Metallbeize. Das Verfahren beruht darauf, daß die Oxyde leichter in Säure löslich sind als die Metalle (vgl. S. 131).

e) Bei den elektrischen Akkumulatoren findet verdünnte Schwefelsäure als Leitflüssigkeit Verwendung (spezifisches Gewicht 1,18);

f) zur Wasserstoffdarstellung durch Einwirkung auf Zink.

Die schwefelsauren Salze heißen Sulfate, die Sulfate der Schwermetalle bezeichnet man als „Vitriole".

Die wichtigsten Sulfate.

Formel	Namen	Bemerkungen
$K_2SO_4 + Al_2(SO_4)_3 + 24H_2O$	Kaliumaluminiumsulfat, Kalialaun	Zur Ledergerberei gebraucht
$K_2SO_4 + Cr_2(SO_4)_3 + 24H_2O$	Kaliumchromsulfat, Chromalaun	Entsteht in Chromsäureelementen
$MgSO_4 + 7H_2O$	Magnesiumsulfat, Bittersalz	Im Quellwasser enthalten
$CaSO_4 + 2H_2O$	Kalziumsulfat, Gips	Dient zum Formen
$Na_2SO_4 + 10H_2O$	Natriumsulfat, Glaubersalz	Dient zur Herstellung von Soda und Glas
$PbSO_4$	Bleisulfat, Bleivitriol	Mineral, fast wasserunlöslich
$FeSO_4 + 7H_2O$	Ferrosulfat, Eisenvitriol	Mittel zur Keimfreimachung
$ZnSO_4 + 7H_2O$	Zinksulfat, Zinkvitriol	Mineral
$CuSO_4 + 5H_2O$	Kupfersulfat, Kupfervitriol	In der Galvanoplastik gebraucht

Ein dem Schwefel verwandtes Element ist das verhältnismäßig selten vorkommende Selen Se, das sich in einigen Schwefelerzen findet. Es hat in der neuesten Zeit bei der elektrischen Fernphotographie (elektrische Fernübertragung von Bildern) Verwendung gefunden, da es die Eigenschaft zeigt, den elektrischen Strom im belichteten Zustand besser zu leiten als im unbelichteten.

8. Die Salzsäure, Kalilauge und Natronlauge.

Zur Darstellung der Salzsäure dienen ihre Salze, die Chloride[1]), KCl Kaliumchlorid (Staßfurt) wird unter dem Namen „Kalisalz" als

---

[1]) Die salzsauren Salze der Metalloxyde nennt man Chloride, diejenigen der Metalloxydule dagegen Chlorüre, also z. B. $CuCl_2$ Kupferchlorid und Cu_2Cl_2 Kupferchlorür.

Düngemittel. hauptsächlich benutzt, während NaCl Kochsalz oder Natriumchlorid, neben seinen vielen sonstigen Verwendungen in der Technik, zur Salzsäuregewinnung gebraucht wird.

Nach seinem Vorkommen, nämlich im gelösten Zustand im Meeres- und Solwasser, ferner im festen Zustand im Erdinnern, unterscheidet man das Kochsalz als Seesalz, Quellsalz und Steinsalz.

Das Seesalz gewinnt man in südlichen Ländern, indem man das Meereswasser in flache Behälter leitet, in denen es durch die Sonnenwärme verdunstet, so daß das Salz als Rückstand bleibt.

Das Quellsalz wird ähnlich gewonnen, indem man das Solwasser auf Gradierwerke (Salinen) pumpt, über deren an Fachwerk befestigte Dornenwände es herabfließt, wobei eine Verdunstung stattfindet, so daß sich unten eine gesättigte Salzsole ansammelt, die ohne erheblichen Brennstoffaufwand eingedampft und dabei das Salz ausgeschieden werden kann. Das Steinsalz wird durch bergmännischen Abbau gewonnen. Das so erhaltene Rohsalz wird durch Lösen in Wasser und nachherige Wiederausscheidung gereinigt.

Das Kochsalz wird, sofern es zu Genußzwecken (Würzung der Speisen, Haltbarmachung der Nahrungsmittel) dient, einer Steuer unterworfen. — Da es für gewerbliche Zwecke steuerfrei ist, so muß es für solche Verwendungen vergällt (denaturiert), d. h. ungenießbar gemacht werden, durch Zusatz von Eisenverbindungen (Viehsalz), Bitterstoffen oder Farbstoffen. — Solche technische Anwendungen des Kochsalzes sind: Darstellung von Salzsäure, Chlor, Glaubersalz und Soda, in der Gerberei (vgl. S. 101), in der Tonwarenfabrikation (vgl. S. 93), dann zu Kältemischungen, zum Auftauen von Eis und Schnee, zur Salzfütterung und als Düngemittel.

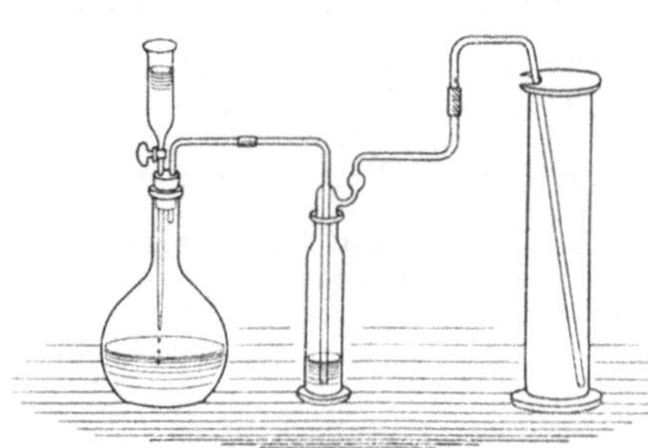

Abb. 25. Salzsäuredarstellung.

Die Salzsäure ist die Auflösung von Chlorwasserstoff HCl in Wasser. Letzterer entsteht bei der Zersetzung von Kochsalz mit Schwefelsäure (vgl. Abb. 25).

$$2\,NaCl + H_2SO_4 = 2\,HCl + Na_2SO_4$$

Kochsalz + Schwefelsäure = Chlorwasserstoff (Salzsäure) + Natriumsulfat

(verwendet man statt NaCl das Kaliumchlorid KCl, so entsteht das Kaliumsulfat K_2SO_4).

Das Chlorwasserstoffgas, das durch obige Umsetzung in der Kochflasche entsteht, geht durch die Waschflasche, in der es durch Schwefelsäure getrocknet wird; dann sammelt es sich im Zylinder, der mit einer Glasplatte bedeckt ist. Es bildet sich der Chlorwasserstoff als ein stechend riechendes Gas, dessen außerordentliche Löslichkeit in Wasser wir dadurch zeigen (vgl. Abb. 26), daß wir eine Flasche A mit Chlorwasserstoff füllen (Flasche muß trocken sein), mit einem Stopfen verschließen, durch dessen Durchbohrung ein Glasrohr b geht, das in der Spitze a endigt. Dann stellen wir die Flasche umgekehrt mittelst des Ringes R über das Wassergefäß S. Allmählich steigt das Wasser durch b in die Höhe, löst etwas Gas, und durch den so gebildeten luftverdünnten Raum wird das Wasser weiter springbrunnenartig in die Flasche gesaugt, bis zum Abschluß der Auflösung.

Ganz ähnlich dem obigen Verfahren erfolgt die Salzsäuregewinnung in der Technik. Das als Nebenerzeugnis entstehende Glaubersalz Na_2SO_4, kurz „Sulfat" genannt, dient vorwiegend zur Sodagewinnung und zur Herstellung des Glases.

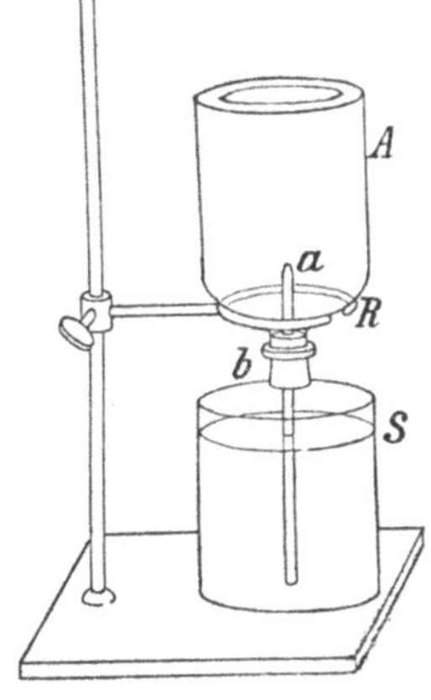

Abb. 26. Salzsäureabsorption.

Die rohe Salzsäure ist durch Eisenverbindungen gelb gefärbt, die reine dagegen farblos. Sie zeigt den Geruch des Chlorwasserstoffs. Die meisten unedeln Metalle löst sie auf unter Bildung der betreffenden Chloride. — Die Salzsäure findet folgende Verwendungen:

a) als Lötwasser (vgl. S. 136).

b) zur Herstellung des Königswassers (vgl. S. 47),

c) zur Chlorgewinnung durch Erhitzen mit MnO_2 Mangansuperoxyd, auch Braunstein genannt:

$$4\,HCl + \quad MnO_2 \quad = \quad MnCl_2 \quad + 2\,H_2O + 2\,Cl$$

Salzsäure + Mangansuperoxyd = Manganchlorür + Wasser + Chlor.

Auch durch die Elektrolyse des Kochsalzes entsteht das Chlor, und zwar bei Verwendung des geschmolzenen $NaCl$, neben metallischem Natrium Na, dagegen bei Anwendung von Kochsalzlösung, neben $NaOH$ Natronlauge[1]). Bei Verwendung des Kaliumchlorids KCl entsteht entsprechend Kalium K bzw. Kalilauge KOH.

Kalium und Natrium sind zwei Metalle, die als solche keine große technische Bedeutung haben. (Aufbewahrung unter Petroleum wegen

---

[1]) Die Umsetzung bei Elektrolyse der Kochsalzlösung ist:

$$2\,NaCl = 2\,Na + Cl_2$$

Kathode Anode

und

$$2\,Na + H_2O = 2\,NaOH + H_2$$

Kathode.

Der als Nebenerzeugnis entstehende Wasserstoff wird in Stahlflaschen unter Druck in den Handel gebracht.

leichter Oxydation.) Kali- bzw. Natronlauge sind die stärksten Basen, im reinen Zustand farblos; dampft man sie zur Trockne ein, so entsteht festes Ätzkali bzw. Ätznatron. Kali- und Natronlauge werden hauptsächlich zum Lösen tierischer und pflanzlicher Fette von Metallen gebraucht und zur Herstellung der Seife.

Das bei obigen Versuchen entstehende Chlor Cl (ein- und mehrwertig) ist ein grünlichgelbes, stechend riechendes Gas, das sich in Wasser leicht löst. Die Lösung geht allmählich in Salzsäure über, unter gleichzeitigem Entweichen von Sauerstoff

$$H_2O + Cl_2 = 2\,HCl + O.$$

Das Chlor hat also offenbar eine große chemische Verwandtschaft zum Wasserstoff, den es dem Wasser entzieht und so den Sauerstoff in Freiheit setzt, so daß letzterer dann zur Wirkung gelangen kann. Daher bezeichnet man das Chlor auch als Oxydationsmittel. Auf dieser Eigenschaft des Chlors beruht seine Verwendung zum Bleichen von Baumwolle, Leinen und Stroh. (Wolle und Seide werden durch das Chlor zerstört.)

Außer Kali- und Natronlauge, bedürfen noch zwei andere starke Basen der Erwähnung, nämlich Kalziumhydroxyd $Ca(OH)_2$ und Ammoniumhydroxyd $NH_4(OH)$. — Erhitzt man den in der Natur vorkommenden Kalkstein $CaCO_3$ (stofflich zusammengesetzt wie Kreide und Marmor), so zerfällt er in Kalziumoxyd und Kohlendioxyd.

$$CaCO_3 \quad = \quad CaO \quad + \quad CO_2$$
$$\text{Kalziumkarbonat (Kalkstein)} = \text{Kalziumoxyd} + \text{Kohlendioxyd.}$$

Das Kalziumoxyd (gebrannter Kalk) vereinigt sich mit Wasser unter starker Wärmeentwicklung zu $Ca(OH)_2$ Kalziumhydroxyd (Ätzkalk oder gelöschter Kalk)[1].

$$CaO + H_2O = Ca(OH)_2.$$

Das Kalziumhydroxyd ist im Wasser nur im Verhältnis $1:750$ löslich; die Lösung heißt „Kalkwasser". Dieses setzt sich mit Kohlendioxyd, wie früher gezeigt (vgl. S. 25), in Kalziumkarbonat und Wasser um. Das Kalkwasser ist eine starke Base. — Größere Mengen Kalziumhydroxyd in Wasser gebracht, bilden mit diesem ein unlösliches Gemisch, die sogenannte „Kalkmilch". Vereinigt man Kalkmilch oder Kalziumkarbonat mit Salzsäure, so entsteht $CaCl_2$ Kalziumchlorid, ein weißes Salz, das stark das Wasser anzieht, weswegen es in der Technik vielfach zu Trocknungszwecken benutzt wird (Kesselrostschutz). — Mit Schwefelsäure vereinigt sich Kalkmilch zu Kalziumsulfat (Gips) $CaSO_4$[2]. Leitet man Chlorgas in Kalkmilch, so entsteht Chlorkalk, ein Gemisch von Kalziumhypochlorit (Salz der unterchlorigen Säure $HClO$) und Kalziumchlorid, $Ca(ClO)_2 + CaCl_2$. Es ist eine

---

[1] Benutzt man statt des Wassers Natronlauge zum Löschen des Kalkes, so entsteht der S. 26 erwähnte Natronkalk.

[2] Gips ist in Wasser fast unlöslich.

weiße Masse, die bei der Zersetzung Chlor entwickelt, weswegen sie vielfach zum Keimfreimachen und Bleichen benutzt wird. Chlorkalk mit Alkohol bildet Chloroform $CHCl_3$, eine wasserhelle Flüssigkeit von süßlichem Geruch (Betäubungsmittel), in der viele Stoffe löslich sind.

Leitet man das Chlorgas statt in Kalkmilch, in Kalilauge bzw. Natronlauge, so entsteht $KClO$ oder $NaClO$ Kalium- bzw. Natriumhypochlorit, die ebenfalls zum Bleichen benutzt werden (Eau de Javelle). Erhitzt man diese beiden Salze in Lösung, so entsteht $KClO_3$ oder $NaClO_3$, Kalium- bzw. Natriumchlorat (Salze der Chlorsäure $HClO_3$). Es sind dies zwei gute Oxydationsmittel (Feuerwerkerei, Sprengstoffdarstellung); denn sie geben leicht ihren gesamten Sauerstoff ab:

$$2\,KClO_3 = 2\,KCl + 3\,O_2.$$

Die andere erwähnte Base, das Ammoniumhydroxyd (Salmiakgeist) $NH_4(OH)$, entsteht durch Vereinigung von Wasser mit Ammoniak NH_3, einem stechend riechenden Gase, das aus den Steinkohlen als Nebenerzeugnis bei der Kokerei und Leuchtgasdarstellung gewonnen und in Stahlflaschen verflüssigt in den Handel gebracht wird[1]). Das Ammoniak wird hauptsächlich bei der Eismaschine gebraucht (vgl. S. 52). Die Vereinigung von Ammoniak und Wasser erfolgt nach der Gleichung:

$$NH_3 + H_2O = NH_4(OH)$$
Ammoniak + Wasser = Ammoniumhydroxyd.

Das Ammoniumhydroxyd ist eine etwas schwächere Base als Kali- und Natronlauge, es dient ebenfalls zum Entfetten der Metalle.

Wie das Ammoniak selbst, so vereinigt sich auch das Ammoniumhydroxyd unmittelbar mit den betreffenden Säuren zu entsprechenden Salzen (Ammoniumsalzen).

$$NH_3 + HCl = NH_4Cl$$
Ammoniak + Salzsäure = Ammoniumchlorid (Salmiak)

$$2\,NH_3 + H_2SO_4 = (NH_4)_2SO_4$$
Ammoniak + Schwefelsäure = Ammoniumsulfat.

Salmiak NH_4Cl ist ein weißes, wasserlösliches Pulver, das die Eigenschaft des Sublimierens zeigt, d. h. beim Erwärmen wird es ohne vorheriges Schmelzen luftförmig (Schmelz- und Siedepunkt liegen sehr dicht zusammen). Der Salmiak findet beim Löten und Verzinnen Verwendung, als Metallputzmittel und zu galvanischen Elementen. Durch Erwärmen des Salmiaks mit Schwefelsäure entsteht Chlorwasserstoff und durch Erwärmen mit gelöschtem Kalk das Ammoniakgas, wie dies die folgenden Gleichungen zeigen:

---

[1]) Während des Weltkrieges erlangte das Verfahren von Haber zur Darstellung des Ammoniaks durch unmittelbare Vereinigung der Grundstoffe Stickstoff und Wasserstoff unter hohem Druck besondere wirtschaftliche Bedeutung.

$$2\,NH_4Cl \;+\; H_2SO_4 \;=\; (NH_4)_2SO_4 \;+\; 2\,HCl$$

Ammoniumchlorid + Schwefelsäure = Ammoniumsulfat + Salzsäure

$$2\,NH_4Cl \;+\; Ca(OH)_2 \;=\; CaCl_2 \;+\;2\,H_2O+\; 2\,NH_3$$

Ammoniumchlorid + Kalziumhydroxyd = Kalziumchlorid + Wasser + Ammoniak.

Das Ammoniumsulfat $(NH_4)_2SO_4$ ist ein wasserlösliches Pulver, das, außer als Düngemittel, zur Behandlung leicht entzündlicher Ausstattungsstoffe für Theater dient. Es wird dadurch erreicht, daß diese Stoffe im Falle eines Bühnenbrandes nur verglimmen, nicht entflammen (also verringerte Feuersgefahr).

Die wichtigsten Chloride.

Formel	Namen	Bemerkung
KCl. . . .	Kaliumchlorid (Kalisalz)	Düngemittel
NaCl . . .	Natriumchlorid (Kochsalz)	Wichtigste Chlorverbindung
NH_4Cl . .	Ammoniumchlorid (Salmiak)	Beim Löten gebraucht
$CaCl_2$. . .	Kalziumchlorid	Trocknungsmittel
$ZnCl_2$ . . .	Zinkchlorid	Als Lötwasser benutzt
Cu_2Cl_2 . .	Kuprochlorid (Kupferchlorür)	Bindet CO
$CuCl_2$. . .	Kuprichlorid (Kupferchlorid)	Ausgangsstoff für Cu_2Cl_2
AgCl . . .	Silberchlorid	Lichtempfindlich

Dem Chlor verwandte Elemente (von gleicher Wertigkeit) sind Brom Br, Jod J und Fluor F. Die beiden erstgenannten und ihre Verbindungen haben nur als Heilmittel Bedeutung, mit Ausnahme ihrer für die Photographie wichtigen, lichtempfindlichen Silbersalze (vgl. S. 104). Das Fluor findet sich in dem Mineral Flußspath CaF_2, Kalziumfluorid. Dieses gibt, mit Schwefelsäure übergossen, HF Flußsäure oder Fluorwasserstoff. Hält man eine teilweise mit Wachs überzogene Glasplatte in Flußsäuredämpfe, so werden die nicht bedeckten Glasteile geätzt, infolge Bildung von Fluorsilizium SiF_4. Die Flußsäure greift die meisten gebräuchlichen Stoffe an; sie kann daher nur in den sehr widerstandsfähigen Guttaperchaflaschen aufbewahrt werden.

9. Die Salpetersäure.

Zur Darstellung der Salpetersäure dienen ihre in der Natur vorkommenden Salze, nämlich KNO_3 und $NaNO_3$, Kalium- bzw. Natriumnitrat.

KNO_3 Kaliumnitrat oder Kalisalpeter (Ungarn, Indien), ein weißes, nicht wasseranziehendes Salz, findet seine Hauptanwendung zur Herstellung des Schießpulvers, einem Gemisch von 75 % Kalisalpeter, 13 % Holzkohlepulver und 12 % Schwefel. Die Oxydationswirkung des Salpeters verläuft nach der Formel:

$$2\,KNO_3 + S + 2\,C = K_2SO_4 + N_2 + 2\,CO$$

(Entzündung durch Schlag oder durch Erwärmung auf 300° C). 1 kg

Pulver liefert bis zu 285 l Gas (N und CO), wobei bis zu 640 WE.
frei werden, Druck etwa 4400 Atm. = 6000 kg/m.

$NaNO_3$ Natriumnitrat oder Chilesalpeter (Südamerika) ist wasser-
anziehend und daher zur Schießpulverdarstellung nicht geeignet. — Er
dient, außer als Düngemittel, zur Darstellung der Salpetersäure. Zu
diesem Zwecke wird er mit Schwefelsäure erwärmt:

$$NaNO_3 + H_2SO_4 = NaHSO_4 + HNO_3$$
Natriumnitrat + Schwefelsäure = Saures Natriumsulfat + Salpetersäure.

Im kleinen benutzt man Glaskolben zur Darstellung (vgl. Abb. 27),
im großen gußeiserne Retorten. Auch auf elektrischem Wege wird die
Salpetersäure gewonnen, indem man auf eine bestimmte Luftmenge
den elektrischen Lichtbogen einwirken läßt, wobei sich aus O und N
Stickstoffsauerstoffverbindungen bilden,
die leicht in Salpetersäure bzw. deren
Salze überführbar sind[1]).

Die Salpetersäure ist eine im
reinen Zustand farblose Flüssigkeit
von stechendem Geruch. Durch das
Sonnenlicht tritt allmähliche Zersetzung ein, wobei sich gewisse Stick-
oxyde bilden, die die Säure gelb färben.
Bei der Einwirkung der Säure auf Metalle entstehen rotbraune Dämpfe von
Stickstoffsuperoxyd NO_2.

Alle unedlen Metalle lösen sich in
der Salpetersäure auf, außer dem Zinn,

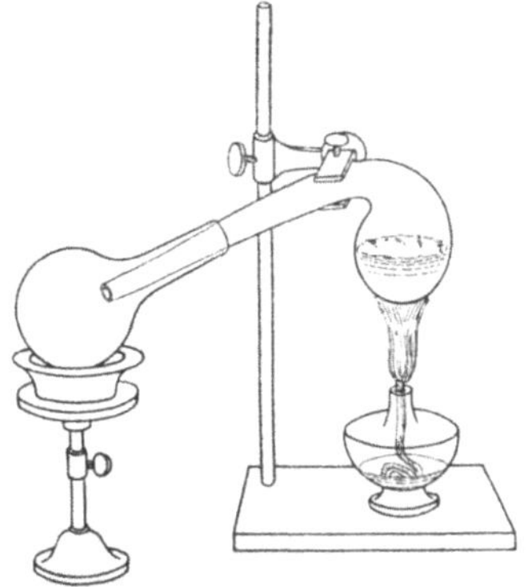
Abb. 27. Salpetersäuredarstellung.

das wohl oxydiert, aber nicht gelöst
wird. Die Säure sowohl als ihre Salze haben eine stark oxydierende
Wirkung (Beweis z. B. die bleichende Wirkung auf die Farben der
Kleiderstoffe). Da auch das Silber, im Gegensatze zum Golde, in der
Salpetersäure löslich, also von diesem leicht trennbar ist, so bezeichnet
man die Salpetersäure auch als „Scheidewasser". — Die Salpetersäure
findet folgende Verwendungen:

a) Bereitung des Königswassers, eines Gemisches von drei Teilen Salzsäure und einem Teile Salpetersäure, das in Berührung mit Edel-
   metallen Chlor entwickelt und diese in Form von Chloriden auflöst,
   z. B. $PtCl_4$ Platinchlorid, $AuCl_3$ Goldchlorid;

b) zum Ätzen der Metalle, z. B. für Schablonen, Maßstäbe, Stempel,
   Schilder usw. Zu diesem Zwecke werden die Metallplatten mit
   Wachs überzogen, das an den zu ätzenden Stellen nachträglich

---

[1]) Dieses und ähnliche Verfahren zur Darstellung von Salpetersäure und
ihrer Salze aus dem Luftstickstoff hatten während des Weltkrieges für Deutschland, dem die Zufuhr von Chilesalpeter abgeschnitten war, eine besonders
hohe Bedeutung.

wieder fortgenommen wird. Bei Schablonen wird vollständig bis auf die andere Seite durchgeätzt, bei Schildern nur eine Vertiefung erzeugt und letztere mit einer Lackmasse ausgefüllt;

c) als Metallbeizen (Gelbbrennen) für erwärmtes Kupfer oder Messing;

d) zur Sprengstoffdarstellung verwendet man ein Gemisch von Salpetersäure und Schwefelsäure.

Außer Kali- und Natronsalpeter ist von salpetersauren Salzen[1]) nur noch das Silbernitrat $AgNO_3$ von praktischer Bedeutung, eine wasserlösliche, weiße Masse, die unter dem Namen „Höllenstein" als Heilmittel zum Ätzen benutzt wird. Die wäßrige Lösung dieses Salzes mit organischen Stoffen (Gewebe, Haut) in Berührung gebracht, zersetzt sich leicht unter Bildung von schwarzem Silberoxyd Ag_2O. Hierauf beruht die Anwendung der Höllensteinlösung als unverwaschbare Wäschetinte. Außerdem dient das Silbernitrat zur Herstellung von Silberspiegelbelägen und zur Darstellung der in der Photographie verwandten, lichtempfindlichen Silbersalze, nämlich des Chlor-, Brom- und Jodsilbers, $AgCl$, $AgBr$ und AgJ.

10. Die Phosphorsäure.

Der Rohstoff zur Darstellung der Phosphorsäure H_3PO_4 ist das Kalziumphosphat $Ca_3P_2O_8$, das als Mineral, als Apatit und Phosphorit vorkommt, aus den Knochen gewonnen wird, ferner als Nebenerzeugnis (sogenannte Thomasschlacke) bei der Stahlgewinnung nach dem basischen Bessemer- bzw. Siemens-Martin-Verfahren.

Durch Einwirkung verdünnter Schwefelsäure auf Kalziumphosphat entsteht die Phosphorsäure:

$$Ca_3P_2O_8 + 3\,H_2SO_4 = 3\,CaSO_4 + 2\,H_3PO_4.$$

Die Phosphorsäure ist eine farblose, sirupartige Flüssigkeit; wird ihr das Wasser vollständig entzogen, so bildet sie wasserhelle Kristalle. Sie hat technisch keine Bedeutung, wohl aber ihr erwähntes Kalziumsalz, das folgende praktische Verwendungen findet:

a) zur Darstellung von Superphosphat, einem wichtigen Düngemittel, $CaH_4P_2O_8$ saures Kalziumphosphat, das durch Einwirkung von Schwefelsäure auf das oben erwähnte neutrale Phosphat entsteht;

b) zur Darstellung von Phosphor durch Erhitzen mit Quarz SiO_2 (vgl. S. 56) und Kohle im elektrischen Ofen, dessen Wirkung auf der Hitze des elektrischen Flammbogens beruht.

Man erhält so den Phosphor (drei- und fünfwertig) als gelblichweiße, wachsweiche Masse, die sehr giftig und selbstentzündlich ist.

---

[1]) $(NH_4)NO_3$, Ammoniumnitrat oder Ammoniumsalpeter, der durch unmittelbare Vereinigung von Salpetersäure und Ammoniak entsteht, wird zur Sprengstoffdarstellung vielfach gebraucht.

Beim Verbrennen bildet sich weißes Phosphorpentoxyd oder Phosphorsäureanhydrid P_2O_5, das sich in Wasser zu Phosphorsäure auflöst.

$$P_2O_5 + 3\,H_2O = 2\,H_3PO_4.)$$

Der Phosphor wird wegen seiner Selbstentzündlichkeit stets unter Wasser aufbewahrt. — Phosphoreszenz ist die Eigenschaft des Phosphors, im Dunkeln zu leuchten. Erhitzt man den gewöhnlichen Phosphor längere Zeit unter Luftabschluß, so entsteht der rote Phosphor, der ungiftig und schwer entzündlich ist. Der Übergang ist scheinbar eine Veränderung des Moleküls, die wir als Allotropie bezeichnen. Wird der gelbe Phosphor mit Kalilauge längere Zeit ohne Gegenwart von Sauerstoff erhitzt, so entsteht Phosphorwasserstoff H_3P, ein farbloses, an der Luft selbstentzündliches Gas, dessen Salze, die Phosphide, eine gewisse technische Bedeutung haben. Die Eisensorten enthalten mitunter Eisenphosphide; ferner sind im Kalziumkarbid (vgl. S. 72) häufig Kalziumphosphide vorhanden, und infolgedessen im Azetylen auch Phosphorwasserstoff, wodurch eine noch erhöhte Explosionsgefahr des Azetylens bedingt wird.

Die Hauptanwendung findet der Phosphor zur Herstellung von Zündhölzern. Die sogenannten Schwefelhölzer (seit 1. Januar 1907 verboten, wegen ihrer Feuergefährlichkeit und Giftigkeit), enthielten als Zündmasse ein Gemisch von Schwefel und gelbem Phosphor; sie waren an jeder Reibfläche entzündlich[1]). Bei den sogenannten schwedischen (sie wurden zuerst in Schweden hergestellt) oder Sicherheitszündhölzern, die nur an einer Reibfläche von rotem Phosphor entzündlich sind, enthalten die Köpfchen ein Gemisch von Kaliumchlorat und Antimonsulfid (vgl. S. 108).

Ein dem Phosphor verwandtes Element ist das Bor B, von dem aber nur der Borax $Na_2B_4O_7 + 10\,H_2O$, Natriumtetraborat, technisch wichtig ist; es löst im geschmolzenen Zustande viele Metalloxyde auf, wovon man beim Löten Gebrauch macht.

11. Die Kohlensäure.

Zur Darstellung der Kohlensäure dienen ihre in der Natur vorkommenden Salze, die Karbonate, nämlich $CaCO_3$ Kalziumkarbonat (Marmor, Kreide, Kalkstein) und K_2CO_3 Kaliumkarbonat oder Pottasche, welch letztere in der Landpflanzenasche enthalten ist (Seepflanzen enthalten Natriumverbindungen).

Durch Erhitzen des Kalziumkarbonates oder Zersetzung desselben mit Säuren entsteht das Kohlendioxyd oder Kohlensäureanhydrid CO_2,

---

[1]) Als Ersatz dienen die sogenannten Kaiserhölzer von Schwiening in Kassel, deren Zündmasse aus rotem Phosphor, chlorsaurem Kalium und bleisaurem Kalzium besteht. (Der letztgenannte Bestandteil wird durch Zusammenschmelzen von Bleioxyd und Kreide erhalten. Formel: Ca_2PbO_4.)

fälschlich auch Kohlensäure genannt. — Der Vorgang beim Erhitzen ist folgender (Kalkbrennen):

$$CaCO_3 = CaO + CO_2,$$

dagegen ist die Umsetzung mit Salzsäure:

$$CaCO_3 + 2\,HCl = CaCl_2 + H_2O + CO_2.$$

Das Kohlendioxyd entsteht auch, wie erwähnt, bei der Atmung und der vollkommenen Verbrennung, dann bei der Gärung und Verwesung (Keller, Kanäle, Gruben). Das in vulkanischen Gegenden den Erdspalten entweichende Kohlendioxyd (Eifel) wird im großen gewonnen und in Stahlflaschen verflüssigt in den Handel gebracht.

Kohlendioxyd ist ein farb-, geruch- und geschmackloses Gas, 1,5 mal so schwer wie die Luft, das sich in Wasser zu Kohlensäure H_2CO_3 löst, die aber beim Eindampfen der Lösung wieder in $H_2O + CO_2$ zerfällt, ähnlich wie H_2SO_3. Wir machen nun mit dem Kohlendioxyd folgende Versuche:

a) Kohlendioxyd in Kalkwasser eingeleitet (vgl. S. 25) gibt einen unlöslichen Niederschlag von Kalziumkarbonat.

$$Ca(OH)_2 + CO_2 = CaCO_3 + H_2O.$$

Beim weiteren Einleiten von Kohlendioxyd verschwindet allmählich die Trübung; es ist wasserlösliches, saures kohlensaures Kalzium entstanden, $CaH_2(CO_3)_2$, nämlich:

$$CaCO_3 + CO_2 + H_2O = CaH_2(CO_3)_2.$$

Beim Verdunsten, ebenso beim Verdampfen der Lösung scheidet sich wieder das neutrale Karbonat $CaCO_3$ aus. Hierauf beruht die Bildung von Tropfsteinen, ferner die Entstehung des Kesselsteins (vgl. S. 84).

b) Leitet man in der gleichen Weise Kohlendioxyd in Kali- oder Natronlauge ein, so entstehen die entsprechenden Karbonate (wasserlöslich, also kein Niederschlag), nämlich K_2CO_3 Pottasche und Na_2CO_3 Soda. Man bindet daher Kohlendioxyd mit diesen Laugen (vgl. Luftuntersuchung, Rauchgasanalyse u. a. m.). — Beim weiteren Einleiten von Kohlendioxyd in die Laugen entstehen die entsprechenden sauren Salze (Bikarbonate)[1]. Im großen wird die Soda jetzt hauptsächlich durch Elektrolyse von Kochsalzlösung gewonnen, wobei zunächst Natronlauge entsteht, die durch Einleiten von Kohlendioxyd in Soda übergeführt wird.

Die Soda $Na_2CO_3 + 10\,H_2O$, ein weißes, wasserlösliches Salz, wird auch als kalzinierte Soda in den Handel gebracht. Letztere ist vollständig wasserfrei, also geringes Gewicht und infolgedessen große

---

[1] Man hat bereits erfolgreich versucht, das Kohlendioxyd aus den Verbrennungsgasen zu gewinnen, durch Bindung an Soda (Natriumkarbonat), wobei das saure kohlensaure Natrium entsteht, das durch Erwärmen wieder in das neutrale Salz, unter Abgabe des aufgenommenen Kohlendioxyds, übergeführt wird.

Frachtkostenersparnis. Die Soda wird, außer zu Waschzwecken, zum Entfetten von Metallen[1]) und zur Kesselspeisewasserreinigung gebraucht.

c) Leitet man Kohlendioxyd in die Lösung von Ammoniumhydroxyd ein, so entsteht wasserlösliches Ammoniumkarbonat (Hirschhornsalz) $(NH_4)_2CO_3$, das als Metallputzpulver und zur Herstellung von Gummiwaren verwendet wird.

d) Gießt man Kohlendioxyd aus einem Glaszylinder (vgl. Abb. 28) wie eine Flüssigkeit über eine brennende Kerze, so erlischt diese, weil CO_2 die Verbrennung (und die Atmung) nicht unterhält. Ebenso können wir mit Hilfe einer Wage das hohe spezifische Gewicht des Kohlendioxyds zeigen (vgl. Abb. 29). Man untersucht daher Kanalschächte, Gruben u. a. m. vor dem Einsteigen erst mit einem

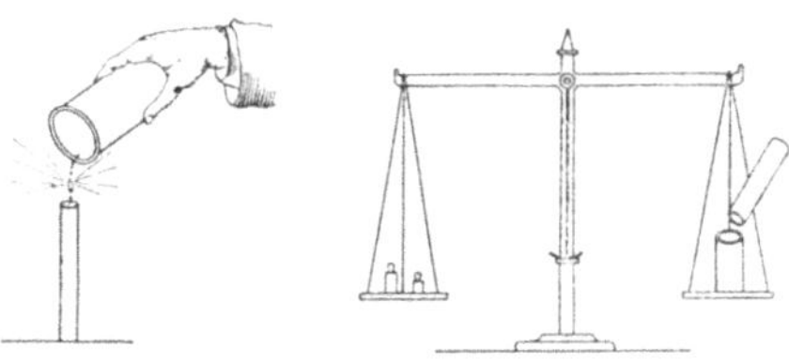

Abb. 28 und 29. Versuche mit Kohlensäure.

brennenden Licht; wenn dasselbe erlischt, darf man die Räume nicht befahren. Auf dieser Eigenschaft des Kohlendioxyds beruht auch seine Anwendung zum Feuerlöschen (Brände in Kohlenbunkern).

e) Verbindet man die mit flüssigem Kohlendioxyd gefüllte Stahlflasche mit einem Tuchbeutel und läßt in diesen das CO_2 strömen, so findet durch die Druckverminderung die Vergasung der Flüssigkeit statt, und infolge des starken Wärmeverbrauches kühlt sich der Beutel derartig ab, daß das Kohlendioxyd darin zu einer weißen, schneeartigen Masse erstarrt, die eine Temperatur von -60^0 besitzt, mit Äther gemischt, sogar -85^0. Man kann mit dieser Masse Wasser und Quecksilber leicht zum Gefrieren bringen, Pflanzenblätter und Gummistücke werden darin hart und spröde. — Füllt man einige Stücke festes Kohlendioxyd in die Flasche A (Abb. 30) und verschließt deren senkrechtes Rohr mit dem Finger, so wird durch den Druck des verdunstenden CO_2 die Flüssigkeit in der Flasche B in deren Steigrohr

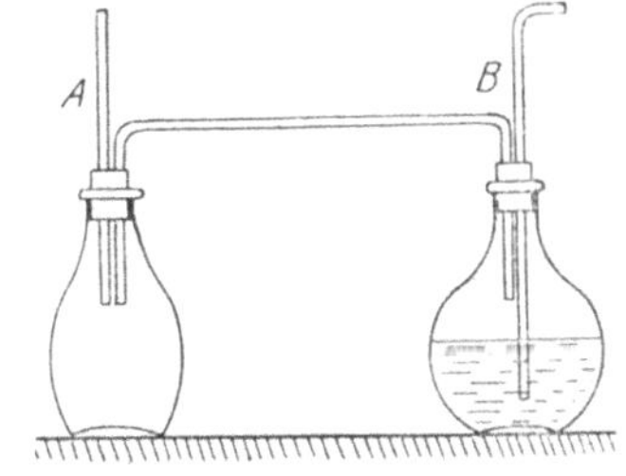

Abb. 30. Wirkung des Bierdruckapparates.

gepreßt und entweicht aus diesem in Form eines Strahles. Hierauf beruht die Anwendung des Kohlendioxyds zu Bierdruck- und Feuerlöschapparaten.

Wegen der hohen Verdunstungskälte findet das Kohlendioxyd, ebenso wie Schwefeldioxyd und Ammoniak, bei der Eismaschine bzw. Kaltluftmaschine Verwendung.

---

[1]) Entfernung tierischer und pflanzlicher Fette. Mineralische Fette (Erdölbestandteile) sind nur in Benzin löslich.

Wir beschreiben nachfolgend Lindes Eis- und Kaltluftmaschine, die
mit flüssigem Ammoniak arbeitet; dasselbe wird im „Verdampfer" in
den luftförmigen Zustand übergeführt, wobei es der Nachbarschaft
Wärme entzieht, also abkühlend wirkt. Das luftförmige Ammoniak
wird dann durch den „Kompressor" auf hohen Druck gebracht und
im „Kondensator" durch Wasserkühlung verflüssigt (kondensiert). Ver-

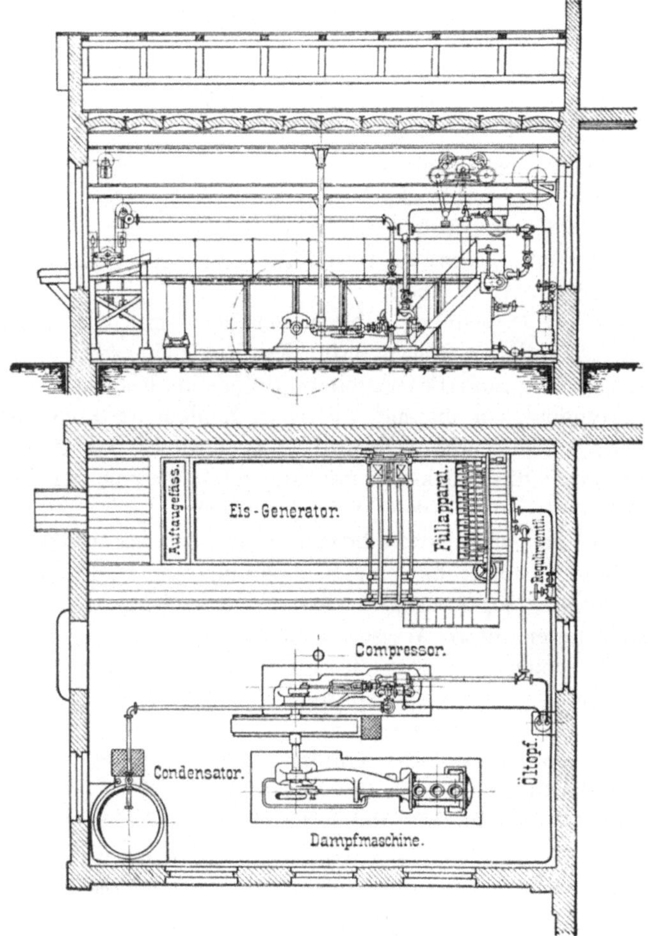

Abb. 31. Eismaschine nach Linde.

dampfer und Kondensator sind durch ein Rohr verbunden, in dem
ein Hahn liegt, um die Menge des übertretenden Ammoniaks genau
regeln zu können.

Der Verdampfer (Abb. 31) besteht aus schmiedeeisernen Spiralrohren,
die bis zu je 150 m in einem Stück geschweißt sind, so daß im Innern
des Apparates keine Verbindungsstellen vorhanden sind. Durch den Ver-

teilungshahn tritt unten die Ammoniakflüssigkeit in das Innere dieser Rohre ein und verdampft in denselben. Am oberen Ende saugt der Kompressor die entwickelten Ammoniakdämpfe ab. Die Spiralrohre liegen in einem schmiedeeisernen Behälter, dessen Form und Größe dem jeweiligen Kühlzweck angepaßt ist; sie werden von der abzukühlenden Flüssigkeit umspült, und zwar, wenn Temperaturen unter 0° erreicht werden sollen (Eisgewinnung), von schwer gefrierenden Salzlösungen (z. B. Chlorkalzium); für Temperaturen über 1° C genügt reines Wasser. Diese durch ein Rührwerk stets in lebhafter Bewegung gehaltene Kühlflüssigkeit kann nun zu eigentlichen Kühlzwecken verwendet werden, z. B. zur Abkühlung von Luft oder Flüssigkeiten, indem man dieselben mit dem abzukühlenden Körper vermittelst einer möglichst großen, mittelbar oder unmittelbar wirkenden Oberfläche in Berührung bringt, oder zur Eisgewinnung, indem man mit Süßwasser gefüllte Zellen einhängt. Man nennt in diesem Falle den Verdampfer auch Eisgenerator. Bei den kleineren Generatoren werden die Zellen mit der Hand bedient, bei größeren sind dieselben in hintereinander liegende Reihen zusammengefaßt, die auf Rollen laufen und sich durch eine von Hand bewegte Vorschubeinrichtung im Generator gemeinsam auf einer Laufbahn verschieben lassen. Diese Verschiebung erfolgt gegen dasjenige Generatorende, an dem das Ausheben stattfindet, so daß am entgegengesetzten Ende stets Platz zum Einsetzen einer frisch mit Wasser gefüllten Zellenreihe vorhanden ist. — Mittels eines Laufkrans wird je eine ausgefrorene Zellenreihe ausgehoben, in ein mit warmem Wasser gefülltes Auftaugefäß getaucht und zwecks Entleerung der abgelösten Eisblöcke umgekippt, zum Füllapparate am anderen Generatorende geführt und aufs neue eingesetzt.

Bei dem Kompressor, einer liegenden, doppelt wirkenden Saug- und Druckpumpe, sind alle Teile möglichst bequem zugänglich angeordnet. Die Ventile werden durch Federn in ihre Sitze gepreßt. Der Kolben ist metallisch gelidert. Die Stopfbüchse ist sehr sorgfältig ausgeführt, da sie die unter hohem Überdruck stehenden Ammoniakdämpfe nach außen abdichten muß. Es geschieht dies durch zwei hintereinander liegende Packungen in der verhältnismäßig langgestreckten Stopfbüchse, die zwischen sich eine Kammer frei lassen, in der sich eine unter Druck stehende, gleichzeitig zur Schmierung der inneren Teile dienende Sperrflüssigkeit befindet, so daß die Packungen nicht mehr die Ammoniakdämpfe nach außen abzudichten, sondern nur das Entweichen der Sperrflüssigkeit nach außen zu verhindern haben. Die kleinen Mengen der Sperrflüssigkeit, die trotz der Dichtung in den Zylinder eindringen, schmieren den Kolben und werden von den Ammoniakdämpfen mitgerissen. Damit diese Flüssigkeitsmengen nicht mit in den Röhrenapparaten umlaufen und dort nachteilig wirken, ist in der Druckleitung ein Sammelgefäß eingeschaltet, in dem sich die mitgerissenen Flüssigkeitsteilchen sammeln können. Von hier kommen sie in einen Reinigungsapparat, der nach Abscheidung der Ammoniakdämpfe die Flüssigkeit wieder der Sperrkammer der Stopfbüchse zuführt. Die Pumpe, deren Saugrohr, wie erwähnt, mit dem Verdampfer, das Druckrohr dagegen mit dem Kondensator verbunden ist, kann durch Absperrvorrichtungen von den Röhrenapparaten vollständig getrennt werden. Der Kondensator besteht ebenfalls aus einer Anzahl in einem Stück geschweißter Spiralrohre. Der Kompressor preßt die Ammoniakdämpfe oben in die Spiralrohre, in denen sie unter dem Kompressionsdruck und der durch das Kühlwasser bewirkten Temperaturerniedrigung sich niederschlagen und alsdann im flüssigen Zustande durch den Verteilungshahn in den Verdampfer übergeführt werden. Das erwärmte Kühlwasser fließt aus dem Apparat oben ab. — Ähnlich ist die Durchführung des im Tiefbau gebrauchten Gefrierschachtverfahren.

f) Leitet man Kohlendioxyd durch ein eisernes Rohr, in dem Kohle erhitzt wird, so bildet sich Kohlenoxyd:

$$CO_2 + C = 2CO.$$

Ebenso entsteht Kohlenoxyd, wenn man das Kohlendioxyd über 1000° C erhitzt:

$$CO_2 \quad CO + O.$$

Man kann daher bei Verbrennung der Kohle zu Kohlendioxyd Temperaturen über 1200° nur bei Anwendung des erhitzten Gebläsewindes erhalten (z. B. in Hüttenwerken).

Das Kohlenoxyd ist ein farbloses Gas, sehr giftig, das mit bläulicher Flamme zu Kohlendioxyd verbrennt:

$$CO + O = CO_2.$$

Das Kohlenoxyd entsteht in jedem Zimmerofen (Gefahr der Ofenklappen; ferner ist es in vielen in der Technik gebrauchten luftförmigen Brennstoffen enthalten, z. B. im Leuchtgas, Generatorgas, Wassergas u. a. m. 1 kg Kohlenoxyd liefert bei der Verbrennung zu Kohlendioxyd 3100 WE., dagegen entstehen bei der Verbrennung von

$$\text{1 kg Kohle zu Kohlenoxyd} \quad 2400 \text{ WE.,}$$
$$\text{1 ,, ,, ,, Kohlendioxyd } 8100 \text{ ,,}$$

Zur Mengenbestimmung[1]) des Kohlenoxyds dient Kupferchlorürlösung, die dieses Gas bindet, unter Bildung von $Cu_2Cl_2(CO)$, einer von Berthelot zuerst gefundenen Verbindung.

Das Kohlenoxyd hat stark reduzierende Eigenschaften, es verwandelt z. B. Eisenoxyd in Eisen (vgl. Eisenhochofenverfahren)

$$Fe_2O_3 + 3CO = 3CO_2 + Fe_2.$$

Der Kohlenstoff selbst findet sich als Diamant, Graphit und gewöhnliche Kohle, dann im Erdöl und in allen organischen, d. h. dem Tier- und Pflanzenreich entstammenden Stoffen.

---

[1]) Zum stofflichen Nachweis von CO dient Palladiumpapier (vgl. S. 106).

Die wichtigsten Karbonate.

Formel	Namen	Bemerkung
K_2CO_3	Kaliumkarbonat (Pottasche)	Landpflanzenasche
$Na_2CO_3 + 10 H_2O$.	Natriumkarbonat (Soda)	Entfettungsmittel, Kessel-steinlösemittel
$(NH_4)_2CO_3$	Ammoniumkarbonat	Hirschhornsalz
$CaCO_3$	Kalziumkarbonat	Kalkstein, Kreide, Marmor
$MgCO_3$	Magnesiumkarbonat	Magnesit (Mineral)
$CaH_2(CO_3)_2$	Kalziumbikarbonat	Kesselsteinbildner
$FeCO_3$	Eisenkarbonat	Spateisenstein (Mineral)
$ZnCO_3$	Zinkkarbonat	Galmei (Mineral)
$PbCO_3$	Bleikarbonat	Weißbleierz (Mineral)
$2 PbCO_3 + Pb(OH)_2$	Basisches Bleikarbonat	Bleiweiß (Anstrichfarbe)
$CaCO_3 + MgCO_3$.	Kalzium-Magnesium-Karbonat	Dolomit (Mineral), liefert basisches Herdfutter (Thomasverfahren).

Der Diamant (Indien, Südafrika, Brasilien) ist kristallisierter Kohlenstoff. Er wird wegen seines hohen Lichtbrechungsvermögens im geschliffenen Zustand zu Schmucksteinen verwendet. Wegen seiner großen Härte benutzt man den Diamanten als Glasschneider, Gesteinsbohrer (Tunnel- und Bergwerksbau), dann zum Abdrehen von Schmirgelscheiben, zum Schneiden von Papierwalzen und zum Ziehen feiner Drähte. — Die meisten Nachahmungen des Diamanten bestehen aus Glas. Man hat aber auch richtige Diamanten (in Splittergröße) künstlich hergestellt durch Schmelzen von kohlenstoffreichem Eisen im elektrischen Ofen und nachheriges rasches Abkühlen.

Der Graphit (Sibirien, Ceylon, Wales, Passau) bildet eine grauschwarze unlösliche Masse, die den elektrischen Strom gut leitet und auch sehr hohe Temperaturen gut verträgt. Die hauptsächlichsten Anwendungen sind, mit Ton gemischt, zur Herstellung feuerfester Schmelztiegel (Tiegelgußstahlverfahren), Schmier- und Dichtungsmittel für Gegenstände, die einer hohen Temperatur ausgesetzt werden, so daß Schmieröl nicht verwendet werden kann, bei Mannlochdichtungen, zum Ausstreichen der Formen in der Eisengießerei, zum Innenanstrich von Dampfkesseln (mit Milch gemischt), zum Eisenanstrich (Ofenschwärze). Endlich findet der Graphit mit Ton gemischt (um so härter, je höher der Tongehalt) zur Herstellung von Bleistiften Verwendung. Das Gemisch wird gepreßt, gebrannt und die so erhaltenen Stifte in Holz gefaßt (meistens westindisches Zedernholz)[1].

Die übrigen Vorkommnisse des Kohlenstoffs werden bei den Brennstoffen besprochen.

---

[1] Der Name „Bleistift" stammt von der früheren Anwendung des metallischen Bleies zu Schreibstiften.

12. Die Kieselsäuren.

Die Orthokieselsäure H_4SiO_4 und die Metakieselsäure H_2SiO_3 finden sich auch in Form ihrer Salze, den Silikaten, von sehr vielartiger Zusammensetzung in den wichtigsten Mineralien und Gesteinen; daher ist das Silizium nächst dem Sauerstoff das verbreitetste Element.

Das Anhydrid beider Säuren SiO_2, Siliziumdioxyd, bildet den Quarz (Quarzsand und Kiesel), Bergkristall, Topas u. a. m.

Die wichtigsten aus Silikaten bestehenden Mineralien sind Quarz, Sand, Ton, Feldspat, Glimmer, Hornblende, Augit, Labrador, Diallag, Lava (letztere vulkanischen Ursprungs). Über die aus diesen Mineralien gebildeten Gesteine vgl. S. 93.

Von besonderem Belang sind noch außerdem die Mineralien Kieselgur und Asbest. — Kieselgur oder Diatomeenerde (weiß oder braun) ist eigentlich organischen Ursprungs; denn die Masse besteht aus den Kieselpanzern der Diatomeen (Stabtierchen aus der Gruppe der Algen). Man gebraucht die Kieselgur zur Herstellung von Dynamit und als Wärmeschutzmasse. Für letzteren Zweck sind Seidenabfälle (Krefelder Webereien) besonders geeignet und nächst diesen der Asbest (Mineralfaser), ein feinfaseriges Mineral, das auch wegen seiner Feuerbeständigkeit (Asbestpappe, Asbestanzüge) vielfach verwendet wird. Auch zu Dichtungsringen und Stopfbüchsenpackungen wird er benutzt. — Von sonstigen Silikatmineralien sei noch der Speckstein erwähnt, der namentlich für Zündkerzen gebraucht wird und früher auch für die Köpfe der Gasschnittbrenner verwendet wurde.

In chemischer bzw. technischer Hinsicht haben noch folgende Versuche Bedeutung:

a) Quarz im elektrischen Ofen mit Kohle zusammen erhitzt liefert Siliziumkarbid SiC

$$SiO_2 + 3\,C = SiC + 2\,CO.$$

Siliziumkarbid, meist Karborund genannt, findet als Schleifmittel Verwendung, da es beinahe so hart wie Diamant ist. Der sonst gebräuchliche Schmirgel[1]) ist Al_2O_3 Aluminiumoxyd. Die Schmirgelscheiben erhält man aus dem Schmirgelpulver durch ein Bindemittel (Öl, Gummi oder mineralische Bindemittel). Auch Schmirgelleinen und -papier werden hergestellt, indem man das Schmirgelpulver mittelst eines Klebstoffes auf dem Leinen bzw. Papier bindet (Glaspapier).

b) Quarz und Pottasche werden zusammengeschmolzen, wobei je nach den Gewichtsmengen das Salz der Ortho- und Metakieselsäure entsteht:

$$SiO_2 + 2\,K_2CO_3 = K_4SiO_4 + 2\,CO_2$$
$$SiO_2 + K_2CO_3 = K_2SiO_3 + CO_2.$$

---

[1]) Hauptsächlich von der Insel Naxos.

Zersetzt man K_4SiO_4 mit Salzsäure, so entsteht die Orthokieselsäure, H_4SiO_4, als gallertartige Masse, die beim Trocknen in die Metakieselsäure H_2SiO_3 übergeht.

Kalium- und Natriumsilikat sind wasserlöslich, amorph und leicht schmelzbar, Kalziumsilikat dagegen wasserunlöslich, kristallinisch und schwer schmelzbar.

Das Kaliumsilikat dient unter dem Namen „Wasserglas" zum Feuersichermachen des Holzes, zur Herstellung von Kitten und wetterbeständigen Anstrichfarben, sowie zum Wasserdichtmachen von Kalkwänden.

c) Über die Einwirkung von Flußsäure vgl. S. 46.

V. Die Brennstoffe.

A. Natürliche feste Brennstoffe.

1. Die Steinkohle.

Die Steinkohle ist aus dem Holz durch Vermoderung bei hohem Druck und hoher Temperatur entstanden. Bei großen Veränderungen der Erdoberfläche versanken ganze Wälder ins Erdinnere und erlitten dort die erwähnte Umwandlung. Die Gewinnung der Steinkohle erfolgt durch Tiefbau, d. h. durch Niederführung von Schächten, an die sich entsprechend der Richtung der Flötze (Kohlenadern) die Stollen anschließen[1]). Die Abbautiefe beträgt allgemein bis zu 1200 m, in größeren Tiefen wird das Arbeiten infolge der hohen Temperatur unmöglich.

In Deutschland findet sich die Steinkohle hauptsächlich im Saar-, Wurm- und Ruhrgebiet, Sachsen und Schlesien, im Auslande in Belgien, Großbritannien, Illionois, Pennsylvanien und in China (Schantunggebiet). — Nach fachmännischen Schätzungen verhielten sich vor dem Kriege die Kohlevorräte Deutschlands zu denjenigen der Vereinigten Staaten von Amerika bzw. Großbritanniens wie 9 : 6 : 5.

Nächst dem Eindringen von Wasser in die Schächte, durch Anschlagen von Wasseradern (Beseitigung dieser Gefahr durch die Wasserhaltungsanlagen), ist der Steinkohlenbergbau vielfach durch die schlagenden und stickenden Wetter bedroht, sowie durch Kohlenstaubexplosionen.

Die stickenden Wetter beruhen auf der Entwicklung von Kohlendioxyd, das in der Grube in größeren Mengen auftretend, das Leben (Erstickungsgefahr) der Bergleute bedroht. — Unter den schlagenden Wettern verstehen wir die Entwicklung von CH_4, Grubengas oder Methan, das mit Luft gemischt, leicht explodiert. Beim Auftreten

[1]) Man bezeichnet die Kohlenbergwerke auch als „Zechen".

schlagender Wetter sind daher Sprengungsarbeiten zu vermeiden, außerdem sind stets besondere Grubenlampen (Davys Sicherheitslampen) zu verwenden. Die Einrichtung dieser Lampen beruht darauf, daß, wenn man Leuchtgas gegen ein engmaschiges Drahtnetz strömen läßt (Abb. 32), die Flamme nur auf der Seite des Drahtnetzes brennt, auf der die Entzündung erfolgte, weil das Metall des Drahtnetzes ein guter Wärmeleiter ist. Die erwähnte Bergmannslampe (Abb. 33) ist eine Benzinlampe, bei der die Flamme vollständig von einem Drahtnetz umgeben ist. Kommt nun das Grubengas, durch das Drahtnetz dringend, mit der Flamme in Berührung, so kann wohl eine Entzündung innerhalb des Drahtnetzes stattfinden, sie pflanzt sich aber nicht nach außen fort. Ist die Flamme erloschen,

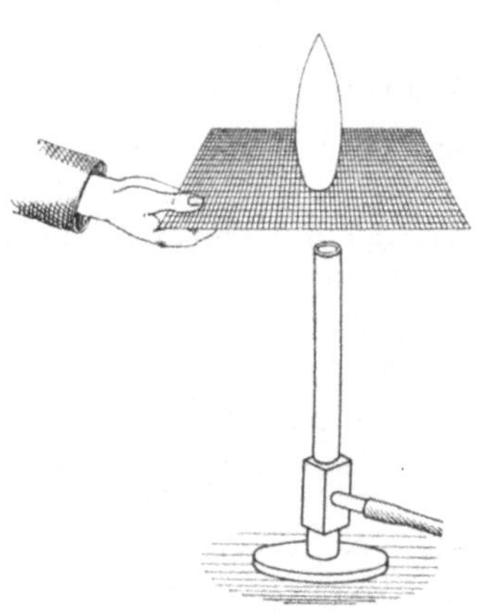

Abb. 32. Drahtnetz mit Flamme.

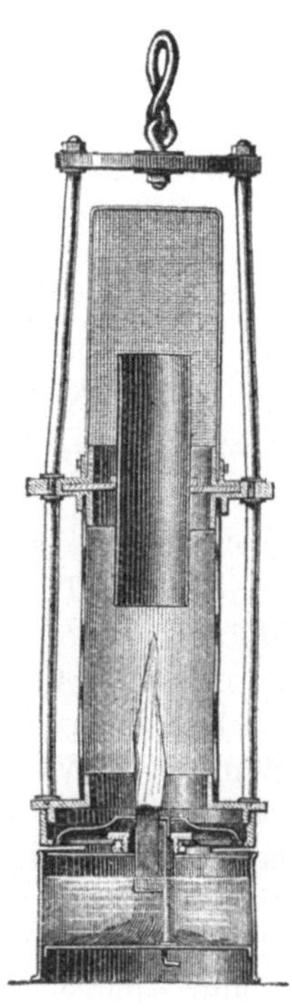

Abb. 33. Sicherheitslampe.

so wird sie ohne Öffnung der Lampe wieder entzündet, durch einen besonderen eingebauten Bolzen, der gegen ein Zündhütchen schlägt und so die Benzindämpfe in Brand setzt.

Zur Entfernung der stickenden und schlagenden Wetter dient eine Lüftungsanlage, Wetterförderung genannt.

Die Kohlenstaubexplosionen entstehen durch die Aufsaugung der Luft durch trockenen Kohlenstaub, wobei eine Temperatursteigerung bis zur Entzündung eintritt. Man verhütet dies durch Anfeuchten des Kohlenstaubs.

Die geförderten Steinkohlen werden gewaschen, dann durch Siebvorrichtungen nach Größe getrennt und verladen.

Wir unterscheiden die Steinkohlen nach ihrem Verhalten beim Verbrennen wie folgt:

a) **Sand- oder Magerkohlen** verbrennen, ohne zusammenzubacken und geben eine sandige Asche (Anthrazit z. B.),

b) **Sinterkohlen** zeigen beim Verbrennen Anzeichen von Schmelzung, die Asche sintert zusammen,

c) **Back- oder Fettkohlen** schmelzen beim Verbrennen und backen zusammen.

Die letztgenannte Kohlenart wird auch **langflammig** oder **Flammkohle** genannt, weil sie beim Verbrennen große Mengen luftförmiger Bestandteile abgibt, die eine starke Flammenentwicklung zur Folge haben, im Gegensatz zu den kurzflammigen Sand- oder Magerkohlen, die fast ohne Flamme brennen.

Um auch das Steinkohlenklein nutzbar zu machen, wird es mit Hartpech gemischt, zu Briketts gepreßt.

2. Die Braunkohle.

Die Braunkohle ist auch durch Vermoderung des Holzes entstanden, aber jünger und daher wesentlich kohlenstoffärmer, dagegen wasserhaltiger als die Steinkohle. Hauptsächlich findet sich die Braunkohle in der Eifel, in Sachsen, Oberbayern und in Böhmen. Die Gewinnung erfolgt durch Tagebau, d. h. Abhebung der ganzen Erddecke. Wegen ihres hohen Wassergehaltes eignet sich die Braunkohle für weit entfernte Verbrauchsorte nur sehr schlecht; man verwendet sie daher meistens an der Grube selbst, und zwar:

a) zur Herstellung von Braunkohlenbriketts durch Trocknen und Pressen der Rohkohle,

b) zur Erzeugung von elektrischer Energie, entweder durch Verbrennung unter Dampfkesseln, die zum Betrieb einer Dampfdynamoanlage dienen, oder durch Erzeugung von Generatorgas, das in einer Gasdynamo zur Wirkung gelangt.

3. Das Holz.

Das Holz spielt als Brennstoff nur in sehr waldreichen Gegenden eine größere Rolle (Rußland). Sonst gebraucht man das Holz fast nur zu Anmachezwecken, insbesondere harzreiche Nadelhölzer.

4. Der Torf.

Der Torf ist durch Vermoderung gewisser Pflanzen, der sogenannten Sphagnumarten, entstanden. Er findet sich vorwiegend in der norddeutschen Tiefebene, Schwaben, Bayern und in der Schweiz. Wegen seines geringen Heizwertes hat er als Brennstoff keine große Bedeutung, dagegen findet er als Streumittel für Ställe und als Wärmeschutzmasse eine weitgehende Verwendung.

B. Künstliche feste Brennstoffe.

1. Der Koks.

Wir machen folgende beiden Vorversuche:

a) In einem bedeckten Platintiegel erhitzen wir eine bestimmte Menge fette Steinkohle. Nach Entweichen und Verbrennen der flüchtigen Bestandteile bleibt eine feste, poröse Kohle zurück, die an der Luft erhitzt, ohne wesentliche Flammenentwicklung verbrennt; wir nennen dies Erzeugnis „Koks". Beim Verbrennen des Kokses entsteht die Asche. Dieser Versuch bietet uns die Möglichkeit, durch Wägung die Koksausbeute und den Aschengehalt einer Kohle zu bestimmen.

b) In ähnlicher Weise erhalten wir Koks, wenn wir in einer eisernen Retorte Steinkohle erhitzen. Abb. 34 zeigt die ganz entsprechende Darstellung von Holzkohle aus Holz durch Erhitzen in einer Glasretorte unter Luftabschluß. Die aus der Retorte entweichenden Stoffe gehen durch das kugelförmige Waschgefäß mit Natronlauge, in dem sich der Teer absetzt; die dann übrigbleibenden luftförmigen Bestandteile leitet man durch ein Rohr ab und weist ihre Brennbarkeit durch Entzünden nach.

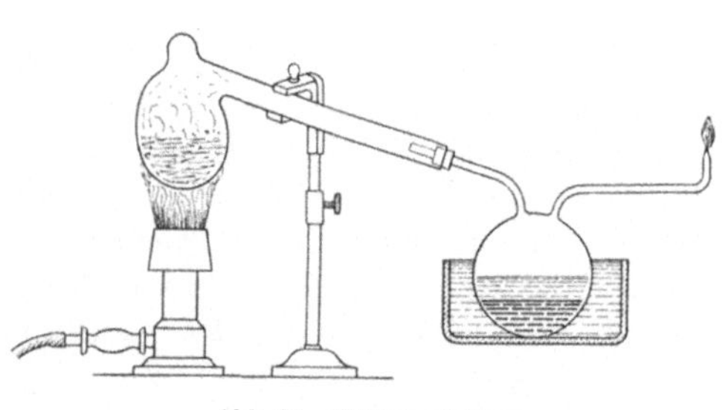

Abb. 34. Koksdarstellung.

Der Versuch zeigt gleichzeitig die Kokerei und die Leuchtgasgewinnung im kleinen. Beide Verfahren unterscheiden sich in Wirklichkeit wesentlich nur durch die Temperatur, auf die man die Kohle erhitzt. Die Kokerei, die hauptsächlich feste Stoffe erzeugen soll (Koksausbeute 75 % der angewandten Steinkohle), arbeitet daher bei wesentlich niedrigerer Temperatur und langsamer, als bei der Leuchtgasgewinnung üblich, die ja möglichst viel luftförmige Brennstoffe erzeugen soll.

Eine derartige Erhitzung unter Luftabschluß, wie oben beschrieben, bezeichnen wir als „trockene Destillation".

Die Abb. 35 und 36 zeigen einen Koksofen von Otto-Hoffmann. Die großen, von Heizgasen umspülten Verkokungskammern werden von oben mit fetter Steinkohle beschickt, die sich bei der Erhitzung unter Abschluß der Luft in Koks verwandelt. Hierbei entstehen als Nebenerzeugnisse: a) zur Heizung verwertbare Kohlenwasserstoffe im gasförmigen Zustande, b) Steinkohlenteer und c) Ammoniak.

Der Steinkohlenteer[1]) wird durch sogenannte „fraktionierte Destillation" weiterverarbeitet, d. h. der Teer wird destilliert, und

---

[1]) Gewisse Teerdestillate dienen zur Durchtränkung des Bodens der Landstraßen, zur Beseitigung der Staubplage bei starkem Kraftwagenverkehr.

die bei den verschiedenen Temperaturen siedenden Einzelbestandteile
fängt man, für sich getrennt, auf. So erhält man die Kohlenwasserstoffe Benzol C_6H_6, Naphthalin $C_{10}H_8$, Anthrazenöl und Anthrazen
$C_{14}H_{10}$, ferner Karbolsäure $C_6H_5(OH)$, Kreosotöl, Karbolineum und
Pech. Die Hauptanwendung finden diese Erzeugnisse zur Darstellung

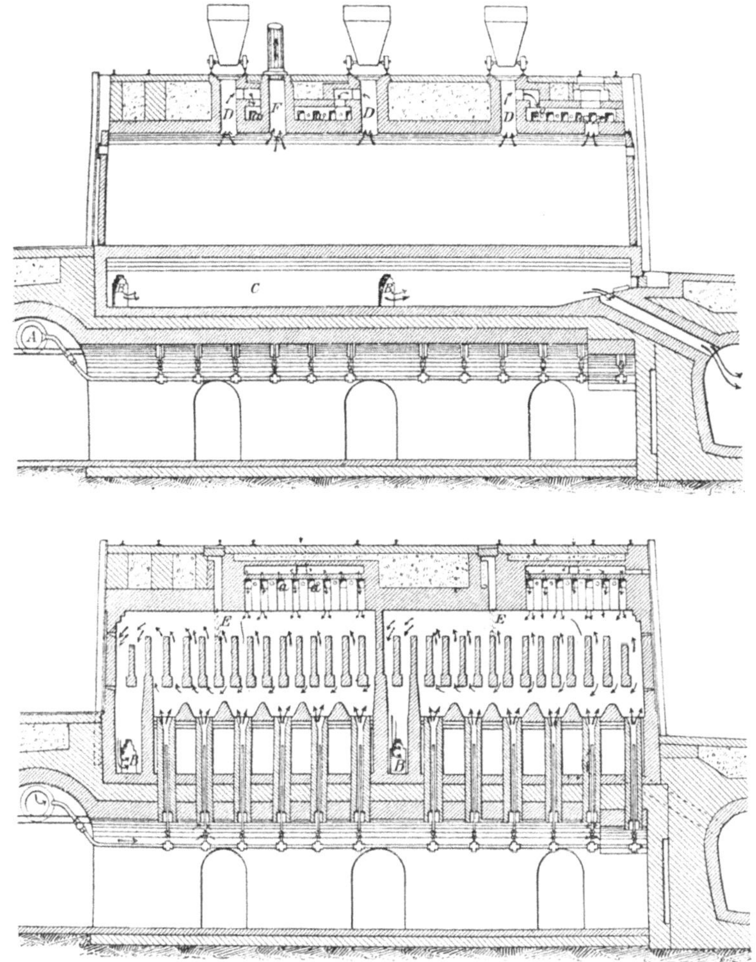

Abb. 35 und 36. Koksofen. (Aus Schmitz, Flüssige Brennstoffe.)

von Farbstoffen und Heilmitteln[1]). Das Benzol ist eine farblose oder
schwach gelbliche Flüssigkeit, die auch zum Lösen von Harzen und

---

[1]) Benzol, Kreosotöl, Anthrazenöl und einige andere Teeröle finden bei der
Verbrennungskraftmaschine eine sehr weitgehende Verwendung. Eine besondere Wichtigkeit erlangten jene Stoffe für diesen Zweck während des Weltkrieges, da Deutschland die namentlich für den Kraftwagenbetrieb notwendigen
Erdölerzeugnisse nicht aus dem Auslande erhalten konnte.

Fetten dient. Karbolineum und Kreosotöl finden zur Holzdurchtränkung (Schutz gegen Fäulnis) Verwendung. Das Pech dient als Rostschutzmittel und zur Herstellung von Dachpappen.

Der Koks selbst wird, sofern er Nebenerzeugnis der Leuchtgasgewinnung ist (dieser sogenannte Gaskoks ist weniger fest als der in den Kokereien gewonnene Zechenkoks), zu Sammelheizungen verwendet. Der Zechenkoks wird in Hüttenbetrieben fast ausschließlich, statt der Steinkohle gebraucht, weil er, im Gegensatz zu dieser, sehr fest, porös und schwefelfrei ist und beim Erhitzen nicht backt.

Der ganz entsprechend (durch Schwelverfahren) erhaltene Braunkohlenkoks, Grude genannt, ist weniger fest und dient vorwiegend zur Heizung; als Nebenerzeugnis entsteht hierbei der Braunkohlenteer, aus dem Paraffin (Kerzenmasse), Paraffinöl (vgl. Ölgas) und Solaröl (Braunkohlenbenzin) gewonnen werden[1]).

2. Die Holzkohle.

Vor Einführung des Kokses wurde in der Hüttentechnik nur Holzkohle verwendet, was eine äußerst unwirtschaftliche Ausnutzung unserer Waldbestände zur Folge hatte. Die Holzkohle wurde in Meilern erzeugt (Abb. 37). Die senkrecht aufgebauten Holzscheite

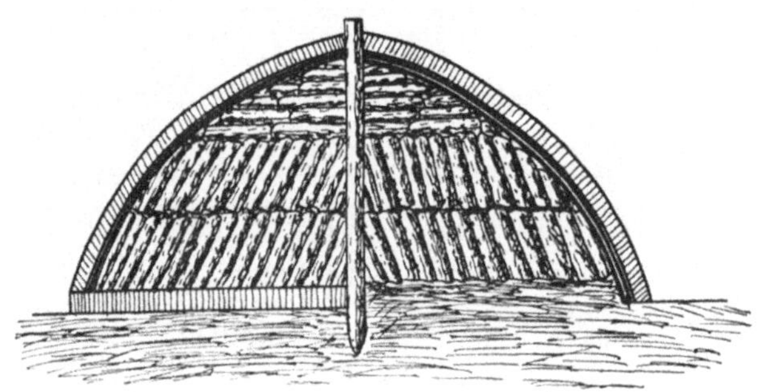

Abb. 37. Holzkohlenmeiler.

wurden mit Erde abgedeckt, in der Mitte erfolgte im Schacht die Entzündung. Die Holzkohle entstand dann nach der Art der trockenen Destillation. Nebenerzeugnisse wurden hierbei nicht abgeschieden. Heute erfolgt die Holzkohledarstellung hauptsächlich zum Zwecke der Gewinnung der Nebenerzeugnisse. Das Holz wird in Eisenretorten erhitzt. Die Holzkohle findet, außer zum Schmieden und Löten, auch zum Filtrieren von Flüssigkeiten (neben Grude und Knochenkohle) Verwendung. — Außer gasförmigen Nebenerzeugnissen, erhält man den Methylalkohol oder Holzgeist $CH_3(OH)$ (Gift), der zum Lösen von Lacken und Farben dient, sowie zur Gewinnung des Keimtötungs-

[1]) Solaröl und Paraffinöl finden auch bei Verbrennungskraftmaschinen Verwendung.

mittels „Formalin“ oder Formaldehyd, das durch Oxydation des Methylalkohols entsteht. Formaldehyd ist auch ein kräftiges Reduktionsmittel. — Weitere Holzdestillationserzeugnisse sind Holzessig oder Essigsäure $C_2H_4O_2$ (vgl. S. 65), dann Kreosot (keimtötende Flüssigkeit) und das Schiffspech. Letzteres dient zum Kalfatern, d. h. zum Dichten der mit Werg ausgestopften Nähte zwischen den Schiffsplanken. — Das Faß- oder Brauerpech entsteht beim Erhitzen des Fichtenharzes.

C. Flüssige Brennstoffe.

1. Erdölbestandteile.

Das Erdöl, wahrscheinlich durch Verwesung der Überreste von Seetieren entstanden, enthält vorwiegend Kohlenwasserstoff. Es findet sich in Pennsylvanien und Ohio, in Kaukasien (Baku am Kaspischen Meer), ferner in Rumänien, Galizien und in der Lüneburger Heide.

Aus den angebohrten Quellen tritt das Erdöl springbrunnenartig zutage, wird in gemauerten Behältern aufgefangen und von dort aus durch Röhrenleitungen den Reinigungsanlagen zugeführt, wo die Zerlegung des Erdöls in seine einzelnen stofflichen Bestandteile durch fraktionierte Destillation erfolgt. — Von den so erhaltenen Erdölbestandteilen haben folgende gewerbliche Bedeutung:

a) Gasolin oder Petroläther, eine stark lichtbrechende und feuergefährliche Flüssigkeit, wird zur Wollentfettung gebraucht, ferner für tragbare Lampen (bei Erdarbeiten), zur Herstellung von Luftgas usw.

b) Benzin (nicht mit Benzol zu verwechseln), ein Gemisch der Kohlenwasserstoffe Hexan C_6H_{14} und Heptan C_7H_{16}, ist eine im reinen Zustand farblose Flüssigkeit vom spezifischen Gewicht 0,66—0,75, leicht entzündlich, Siedepunkt etwa 80°. Als Brennstoff findet es für den Motorbetrieb Verwendung, für die Lötlampe und die Bergmannslampe. Wegen seines außerordentlich guten Lösungsvermögens für Fette und Harze wird es in der chemischen Wäscherei gebraucht, dann zum Reinigen verharzter Lager, zum Entfetten[1]) von Maschinenteilen, die vernickelt werden sollen, und zum Lösen des Gummis, sowie in Betrieben, die Firnis und Fett verarbeiten. Wegen der außerordentlichen Feuergefährlichkeit erfordert das Arbeiten mit Benzin größte Vorsicht.

c) Petroleum. Das gewonnene Rohpetroleum wird erst von gewissen, noch darin befindlichen, leicht entzündlichen Verunreinigungen durch Schwefelsäure und nachheriger Neutralisation mit Natronlauge gereinigt.

Die Hauptanwendung findet das Petroleum als Leuchtöl. (Der Docht saugt das Petroleum in den Brenner.) Der Flammpunkt des

---

1) Entfernung mineralischer Fette (vgl. S. 44).

Petroleums muß möglichst hoch liegen. Außerdem dient das Petroleum zum Motorbetrieb, ferner als Putzmittel für Metalle und zur Entfernung des Rostes von Eisenteilen. Zu letzterem Zwecke werden die Stücke mit Petroleum begossen und dieses entzündet, wodurch eine Auflockerung und infolgedessen eine leichte Loslösung des Rostes bewirkt wird.

d) Vaselin gebraucht man zu Salben, zum Schmieren feiner Lager und zum Rostschutz für blanke Metallteile.

e) Die Schmieröle werden nach der Verwendungsart als Spindel-, Maschinen- und Zylinderöl unterschieden, ihre spezifischen Gewichte sollen entsprechend 0,9—0,925 betragen. — An ihre technischen Eigenschaften sind folgende Ansprüche zu stellen:

1. möglichst tiefliegender Erstarrungspunkt, damit die Öle auch bei strenger Winterkälte flüssig bleiben (sogenannte Winteröle);
2. möglichst hochliegender Flammpunkt zur Vermeidung der Entzündungsgefahr bei der Erwärmung. Als untere Grenze gilt für Maschinenöl 200° und für Zylinderöl 300°;
3. möglichst große Zähflüssigkeit (Viskosität), damit ein Ausfließen aus den Lagern und damit ein Heißlaufen derselben verhindert wird;
4. völlige Freiheit von Harz (Harzsäuren), das die Maschinenteile stofflich verändert.

Das russische Erdöl enthält mehr Schmieröl als das amerikanische, dieses wiederum mehr Paraffin als das russische.

f) Masut und Naphtha finden sowohl zum Motorbetrieb als auch zur Kesselheizung Verwendung. Namentlich für die Schiffskesselheizung (Einblasen durch Düsen) sind diese Erdölbestandteile geeignet, wegen der bequemen Verbunkerung, dem hohen Heizwert und dem Fortfall der Schlackenbildung.

g) Gudron findet die gleiche Verwendung wie der Asphalt. Letzterer ist ein Gemisch gewisser verharzter Kohlenwasserstoffe (Hauptvorkommen auf Trinidad). Die Asphaltsteine bestehen aus Kalkstein mit Asphalt gemischt. Sie finden sich in Hannover und in der Schweiz.

Stampfasphalt wird hergestellt, indem man gemahlenes Asphaltsteinpulver auf einer Betonunterlage heiß aufwalzt oder aufstampft. Gußasphalt ist ein geschmolzenes Gemisch von Asphalt und Asphaltsteinen, das auf die zu bedeckende Fläche warm aufgetragen wird. — Stampfasphalt hat größere Festigkeit als Gußasphalt.

Asphalt ist für Wasser so gut wie undurchdringlich (wasserdichtes Mauerwerk, Dachpappe). Asphaltbeton ist elastisch, weswegen man ihn zu schalldämpfenden Maschinenunterbauten gebraucht. Außerdem findet Asphalt zum Rostschutz und in Terpentin gelöst, als Asphaltlack in der Photographie Verwendung.

2. Der Spiritus.

Spiritus oder Weingeist ist verdünnter Alkohol (Äthylalkohol) $C_2H_5(OH)$. Dieser entsteht neben Kohlendioxyd bei der Gärung von Stoffen, die Zucker oder Stärkemehl enthalten. (Stärkemehl wird durch gewisse Umsetzungen in Zucker verwandelt.) Zur Alkoholgewinnung (Spiritusbrennerei) dienen hauptsächlich Kartoffeln. Der erhaltene Rohspiritus wird durch Filtrieren über Knochenkohle von dem verunreinigenden Fuselöl (Amylalkohol $C_5H_{11}(OH)$) befreit und durch eine besondere Destillation gereinigt.

Reiner Alkohol ist eine farblose Flüssigkeit von eigenartigem Geruch. Spezifisches Gewicht 0,8, Siedepunkt 79°. Der Alkohol ist im Bier zu 4% enthalten, im Wein zu 10% und im Branntwein zu 50%. Da der Alkohol nur zu Genußzwecken einer Steuer unterworfen ist, so muß er zu gewerblichen Anwendungen ungenießbar gemacht werden, durch Zusatz eines widerlich riechenden und schmeckenden, aber ungiftigen Stoffes, wie z. B. Pyridin, ein Teererzeugnis[1]). — Die wichtigsten gewerblichen Anwendungen des Spiritus sind folgende:

a) als Brennstoff und zum Motorbetrieb,

b) zum Lösen von Farbstoffen und Lacken,

c) zur Darstellung der Essigsäure. Dieselbe entsteht bei der weiteren Gärung des Alkohols (Weingärung), wobei eine Oxydation eintritt. Die so erhaltene Essigsäure $C_2H_4O_2$ wird auch Weinessig genannt, im Gegensatz zu dem bei der Holzdestillation gewonnenen, aber chemisch damit übereinstimmenden Holzessig. — Die verdünnte Essigsäure wird Essig genannt, die wenig verdünnte bezeichnet man als Essigessenz (farblose Flüssigkeiten). Die ganz wasserfreie Essigsäure, die unter 16° eine eisartige, farblose Masse bildet, nennen wir Eisessig. — Von den essigsauren Salzen, den Azetaten, sind folgende besonders wichtig:

Bleiazetat oder Bleizucker $Pb(C_3H_3O_2)_2 + 3H_2O$ und Aluminiumazetat oder essigsaure Tonerde $Al(C_2H_3O_2)_3$, die beide zum Wasserdichtmachen von Geweben dienen. Besonders giftig ist das basisch essigsaure Kupfer[2]) oder Grünspan $Cu(OH)(C_2H_3O_2)$, das leicht entsteht wenn Speisen in unverzinnten oder schlecht verzinnten Kupfergefäßen aufbewahrt werden (Vorsicht!) Grünspan mit Arsenik gekocht gibt Schweinfurter Grün, einen sehr giftigen Farbstoff. Durch Vereinigung der Essigsäure mit Amylalkohol entsteht das Amylazetat, eine farblose Flüssigkeit, die als Brennstoff für die Normallampen zur Photometrie (vgl. S. 80) und zum Auflösen von Schießbaumwolle (Bildung von Zaponlack) gebraucht wird.

d) Zur Darstellung des Äthers, fälschlich auch Schwefeläther genannt, $C_4H_{10}O$, durch Einwirkung von Schwefelsäure auf Alkohol.

---

[1]) Es entsteht denaturierter oder vergällter Spiritus.

[2]) Neutrales Kupferazetat wird zur elektrolytischen Verkupferung gebraucht.

Äther ist eine farblose, bei 35° siedende Flüssigkeit, leicht entzündlich, die ein großes Lösungsvermögen für andere Stoffe besitzt (Schießbaumwolle). Der Äther zeigt die Neigung, leicht zu verdunsten, wobei
er eine bedeutende Temperaturerniedrigung bewirkt.

e) Das Azeton C_3H_6O, eine erfrischend riechende Flüssigkeit, die
zum Lösen von Harzen und Azetylen dient, erhält man durch die
trockene Destillation von essigsaurem Kalzium (Kalziumazetat).

D. Luftförmige Brennstoffe.

1. Leuchtgas.

Sehen wir von den in den Erdölbezirken vereinzelt auftretenden
Naturgasvorkommnissen (Pittsburg) ab, so finden sich in der Natur
keine luftförmigen Brennstoffe. — Von den künstlichen ist das Leuchtgas am bekanntesten und gebräuchlichsten. Es hat im Mittel folgende
Zusammensetzung:

Methan	40 %
Wasserstoff	40 %
Kohlenoxyd	10 %
Kohlendioxyd	5 %
Andere Kohlenwasserstoffe . .	5 %.

Das spezifische Gewicht beträgt 0,41; für die Zwecke der Luft-
schiffahrt stellt man nach Oechelhäusers Vorschlag jetzt sogenanntes
„Leichtgas" her, das bei einem spezifischen Gewicht von nur 0,225
einen Auftrieb von rund 1 kg für das Kubikmeter Gas ermöglicht.

Zur Leuchtgasgewinnung werden fette Steinkohlen in Schamott-
retorten (Abb. 38) unter Luftabschluß erhitzt, von denen 5—9 in einem

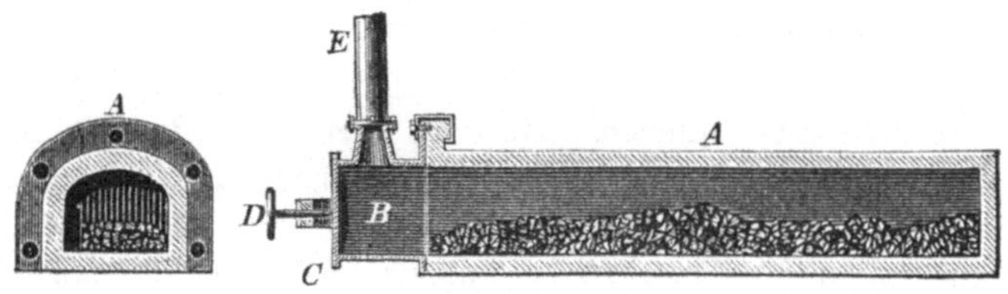

Abb. 38. Leuchtgasretorte.

Ofen liegen (Abb. 39). Jede Retorte A (Abb. 38) ist an ihrem vorderen
hervorragenden Ende mit einem kurzen, eisernen, vorn durch Exzenter
oder Schraube D luftdicht verschließbaren Mundstück B versehen, von
dem ein Eisenrohr E nach oben geht. Diese sämtlichen Abzugsröhren
sind am oberen Ende umgebogen und münden luftdicht in ein ziemlich weites, über die ganze Reihe der Öfen sich hinziehendes Eisenrohr b, der Vorlage oder Hydraulik (Abb. 39). Die wagerechten Retorten sind jetzt durch die Deutsche Kontinentale Gasgesellschaft in

Dessau durch senkrechte ersetzt worden. In München hat man die Kammeröfen eingeführt, die nach Art der Koksöfen, statt der Retorten, schmale hohe Kammern enthalten.

In den Retorten werden die Steinkohlen derartig zersetzt, daß Koks und Graphit in den Retorten zurückbleiben, während Leuchtgas

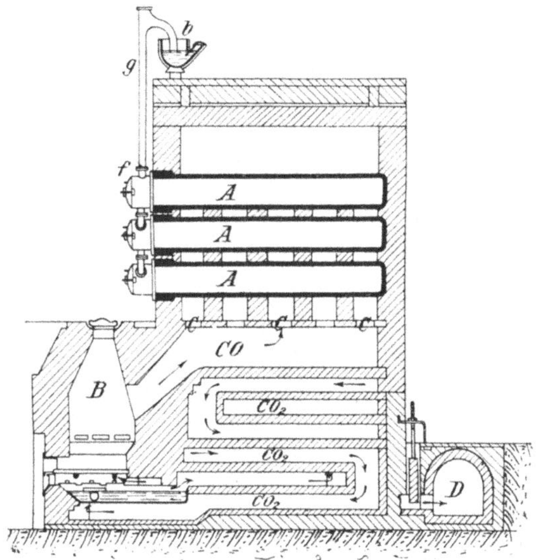

Abb. 39. Retortenofen.

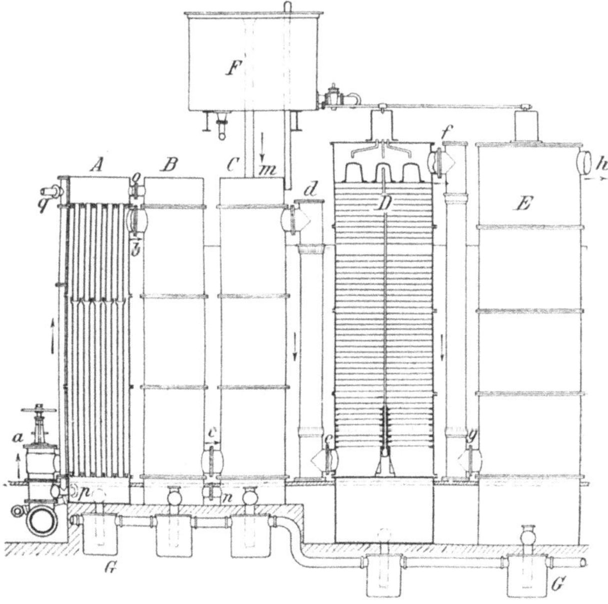

Abb. 40. Kondensatorenanlage.

und Teer in die Hydraulik entweichen. Der Gaskoks findet bei Sammelheizungen Verwendung, der Retortengraphit zur Herstellung von Bogenlampenstiften und für galvanische Elemente. — In der Hydraulik, die zur Hälfte mit Wasser gefüllt ist, setzt sich der Teer schon teilweise ab als schwarze, zähflüssige Masse. Zur weiteren Teerabscheidung durchströmt das Gas die Kondensatoren (Abb. 40), in denen

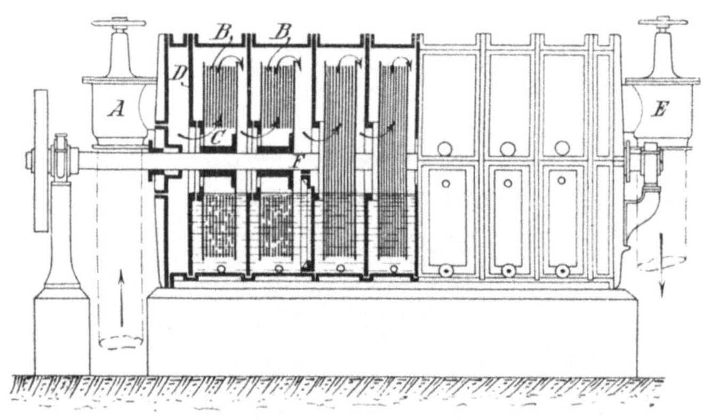

Abb. 41.   Skrubber.

es mittelbar durch Wasser gekühlt wird, das durch besondere Röhren in entgegengesetzter Richtung fließt, was eine weitere Abscheidung des Teeres zur Folge hat, der sich in besonderen, am Boden befindlichen Behältern sammelt. Dann folgt der Skrubber (Abb. 41), ein liegender

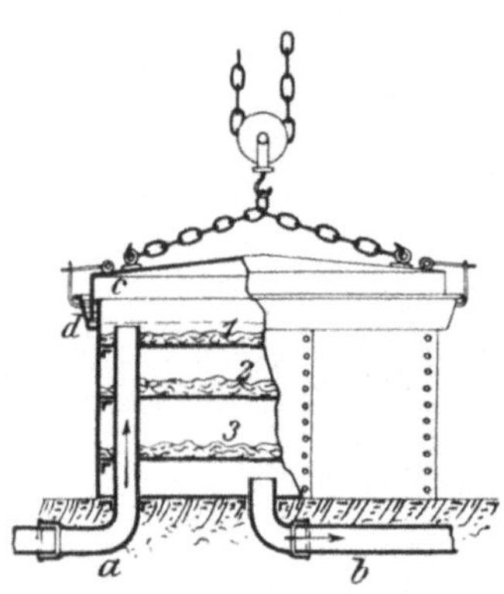

Abb. 42.   Entschwefelungskasten.

Zylinder von mehreren Metern Durchmesser, bis zur Hälfte mit Wasser gefüllt; das Flügelrad F, dessen Flügel mehrfache Öffnungen haben, bewirkt eine innige Mischung von Leuchtgas und Wasser, wodurch das Ammoniak vollständig ausgewaschen wird. Nunmehr wird das Gas mittelst Exhaustors (Saugvorrichtung) in die Entschwefelungskästen (Abb. 42) gesaugt. In diesen Behältern mit Wasserabschluß wird der Schwefelwasserstoff durch Raseneisenerz $Fe(OH)_3$ gebunden. Die vollständige Entfernung des Schwefelwasserstoffs ist u. a. aus dem Grunde notwendig, weil er, mit dem Leuchtgas verbrennend, Schwefeldioxyd entwickeln würde (Luftverschlechterung). Die Bindung des Schwefelwasserstoffs erfolgt unter Bildung von Eisensulfid FeS. Läßt man die längere Zeit gebrauchte Masse an der Luft liegen, so wird sie regeneriert, d. h. es bildet sich wieder $Fe(OH)_3$ nach der Gleichung:

$$2\,Fe_2S_3 + 3\,O_2 + 6\,H_2O = 4\,Fe(OH)_3 + 6\,S.$$

Die Masse kann auf diese Weise immer wieder aufs neue benutzt werden, bis sie etwa 50 % Schwefel enthält. Dann wird sie in chemischen Fabriken auf Blutlaugensalz und Zyanverbindungen verarbeitet.

Zu diesem Zwecke werden aus der Gasreinigungsmasse erst die Ammoniumsalze ausgelaugt, dann erhitzt man mit gelöschtem Kalk und erhält das Ferrozyankalzium, das mit Kaliumchlorid in Ferrozyankalium, gelbes Blutlaugensalz $K_4Fe(CN)_6 + 3H_2O$ übergeführt wird. Letzteres (zum Härten des Schmiedeeisens gebraucht) bildet hellgelbe, wasserlösliche Kristalle. Vereinigt man deren Lösung mit Ferrisalzen, z. B. mit Ferrichlorid $FeCl_3$, so entsteht ein blauer Niederschlag von Ferriferrozyanid $Fe_7(CN)_{18}$, als Farbstoff „Berlinerblau" genannt.

Läßt man Chlor auf das gelbe Blutlaugensalz einwirken, so entsteht Ferrizyankalium, rotes Blutlaugensalz $K_3Fe(CN)_6$:

$$K_4Fe(CN)_6 + 2Cl = 2KCl + K_3Fe(CN)_6.$$

Letzteres bildet rote Kristalle, deren wässerige Lösung mit Ferrosalzen einen dem Berlinerblau ähnlichen blauen Niederschlag von Ferroferrizyanid, von sogenanntem „Turnbullblau" gibt. — Setzt man dagegen ein Ferrisalz zum roten Blutlaugensalz, so entsteht zunächst kein Farbstoff, sondern erst, wenn durch das Licht (Sonne, Bogenlampe) das Ferri- in das Ferrosalz übergegangen ist. Hierauf beruht das in der Praxis übliche Blaupausverfahren; das lichtempfindliche Papier ist mit rotem Blaulaugensalz und Ammoniumferrizitrat (Salz der Zitronensäure) getränkt. — Schmilzt man das gelbe Blutlaugensalz mit Pottasche, so entsteht das Kaliumzyanid oder Zyankalium KCN, ein weißes, wasserlösliches, sehr giftiges Salz. Dasselbe vereinigt sich mit Gold und Silber zu Doppelsalzen, wie $Au(CN)_3 + KCN$ Kaliumgoldzyanid und $Ag(CN) + KCN$ Kaliumsilberzyanid[1]). Hierauf beruht die Anwendung des Zyankaliums zur Gewinnung der genannten beiden Metalle. — Das Zyankalium hat ferner reduzierende Eigenschaften, es vereinigt sich mit Sauerstoff zu zyansaurem Kalium KCNO, wovon man bei der Metallveredelung Anwendung macht. — Zyankalium mit einer Säure zersetzt bildet Zyanwasserstoff oder Blausäure HCN, ein sehr starkes Gift.

Das in den Entschwefelungsapparaten gereinigte Leuchtgas gelangt nun in den Gasbehälter, der durch eine eiserne Glocke mit Wasserabschluß gedichtet ist (Abb. 43). Das einströmende Gas hebt die Glocke allmählich hoch. Dann folgt die Gasuhr (Gasometer), Abb. 44. Um die senkrechte Welle leicht drehbar sind innen vier hohle Zylinderkammern a bis a''' angeordnet. Das Gas strömt durch das Rohr g aus der Mitte des Apparates in je eine der Kammern, füllt sie allmählich und treibt dabei durch seinen Druck die leicht bewegliche Welle um; ist eine Kammer ganz aus dem Wasser gehoben, so

---

[1]) Gebräuchlicher ist in der Hüttentechnik das billigere Natriumzyanid NaCN, das ganz entsprechend entsteht.

entleert sie sich in das Abzugsrohr *e*, während die nächste schon in der Füllung begriffen ist. Aus der am Zählwerk sichtbar gemachten Zahl der Umdrehungen läßt sich die verbrauchte Gasmenge erkennen.

Entsprechend eingerichtete kleinere Gasuhren befinden sich in den Häusern, in denen Gas gebraucht wird. — Der Verlust in den Gasleitungen beträgt etwa 5 %[1]).

Der Druckregler ist eine Absperrvorrichtung, die bei Überdruck in der Leitung die Zuströmungsöffnung mehr abschließt, im Falle von Unterdruck dagegen weiter öffnet. Hierdurch werden die Druckschwankungen vermieden, was ruhiges Brennen der Gaslampen zur Folge hat.

In neuester Zeit wird auch bei uns die Errichtung von Überlandgaswerken nach Chikagoer Muster angestrebt, d. h. die Gaserzeugung

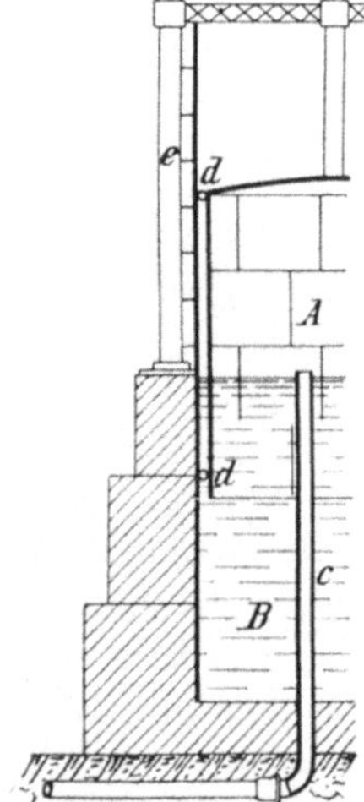

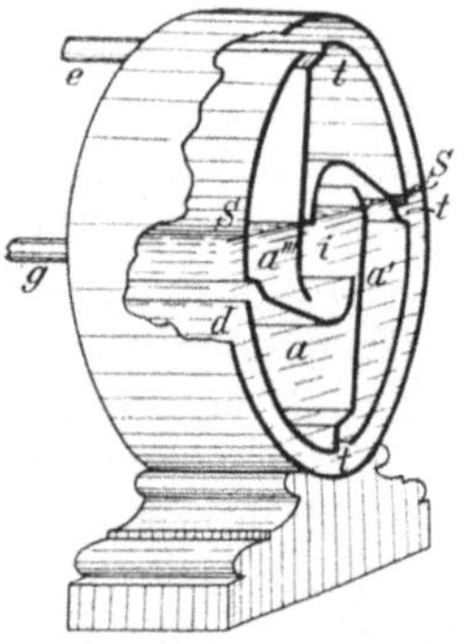

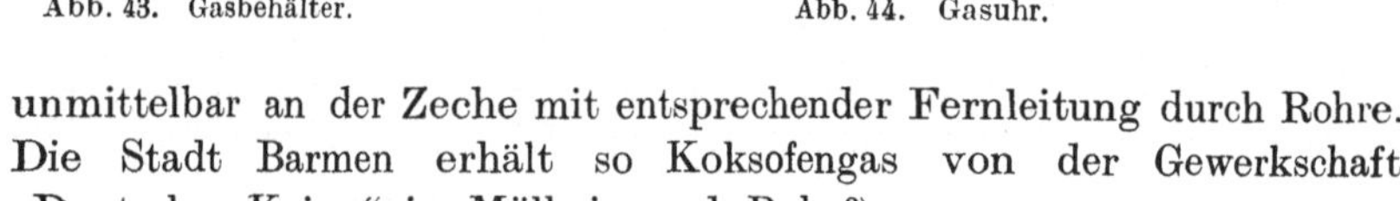

Abb. 43. Gasbehälter.   Abb. 44. Gasuhr.

unmittelbar an der Zeche mit entsprechender Fernleitung durch Rohre. Die Stadt Barmen erhält so Koksofengas von der Gewerkschaft „Deutscher Kaiser" in Mülheim a. d. Ruhr[2]).

Aus 100 kg Steinkohle entstehen 30 cbm Gas, entsprechend für die Kubikmeter/Stunde gleich 2000 Lichtstärken bzw. 2 PS. bzw. 5200 WE.

Zu Beleuchtungszwecken benutzt man heute fast ausschließlich das Gasglühlicht, bei dem durch einen Bunsenbrenner ein Aschegerippe von 99 % Thorium- und 1 % Ceroxyd (verhältnismäßig seltene Oxyde) zur Weißglut erhitzt wird. Man erhält dasselbe, indem man ein

---

[1]) Während des Reinigungsverfahrens wird das Gas noch zwecks Entfernung des Naphthalins mit Anthrazenöl gewaschen, weil das Naphthalin leicht die Leitungen verstopft. — Das erwähnte Leichtgas erhält man aus dem gewöhnlichen Gas durch Durchleiten durch erhitzte Rohre, wobei die schweren Kohlenwasserstoffe durch Zersetzung in leichtere verwandelt werden.

[2]) Bei der augenblicklichen Kohlenknappheit stellt man vielfach (durch trockene Destillation des Holzes) Holzgas her und brennt ein Gemisch von 87 % Holzgas und 13 % Azetylen.

schlauchartiges Gewebe mit den Salzen dieser Oxyde tränkt, über einen Dorn trocknet und verascht.

Bemerkenswert ist, daß Thoriumoxyd allein ohne den Zusatz von Ceroxyd, überhaupt nicht leuchtet. Man hat übrigens besondere Starklichtlampen, z. B. das Pharos- und das Milleniumlicht gebaut, in denen das Gas, statt mit $^1/_{160}$ at, mit $^1/_7$ at Überdruck zugeführt wird. — Auch Spiritus- und Petroleumglühlichtlampen sind erfolgreich versucht worden, bei denen die genannten Brennstoffe im gasförmigen Zustand mit Luft gemischt, in einem Bunsenbrenner verbrannt werden und einen Glühstrumpf zum Glühen bringen. — In neuerer Zeit hat sich auch das „hängende Gasglühlicht" eingeführt, bei dem der Strumpf an dem nach unten gerichteten Brennerrohr hängt. Hierdurch wird das zuströmende Leuchtgas von den abziehenden Verbrennungsgasen vorgewärmt, wodurch das unmittelbar nach unten fallende Licht stärker wird.

2. Wassergas.

Viele Gasanstalten setzen dem Leuchtgas noch Wassergas zu, ein Gemisch von Wasserstoff und Kohlenoxyd, das entsteht, wenn man Wasserdampf auf weißglühenden Koks einwirken läßt.

$$H_2O + C = CO + 2H.$$

Zur Darstellung dient ein mit Schamottsteinen ausgefütterter Ofen, in dem der Koks erst durch das Gebläse heißgeblasen und dann durch den Wasserdampf wieder kaltgeblasen wird. Die Heiß- und Kaltblasezeiten wechseln innerhalb gewisser Abstände fortwährend. Will man das Wassergas allein zur Beleuchtung verwenden, so wird es karburiert, d. h. durch Petroleumrückstände geleitet, wodurch es genügende Leuchtkraft erhält. Sonst dient das Wassergas als Brennstoff für Glas- und Stahlöfen, zum Schweißen und zum Motorbetrieb.

Schließlich hat man auch auf verschiedenen Wegen versucht, aus dem Wassergas reinen Wasserstoff für die Füllung von Luftschiffen darzustellen, durch Abscheidung des im Wassergase enthaltenen Kohlenoxyds. Am vollständigsten gelingt dies nach dem Verfahren von Linde-Frank-Caro durch Abkühlung des Wassergases auf — 200°, bei welcher Temperatur das Kohlenoxyd vollständig abgeschieden wird.

3. Ölgas.

Das zur Eisenbahnwagenbeleuchtung benutzte Ölgas wird nach Pintsch hergestellt, indem man in Gußeisenretorten das Paraffinöl der trockenen Destillation unterwirft und die entstehenden Gase, ähnlich wie bei der Leuchtgasgewinnung beschrieben, durch eine Teervorlage, Kühler und Wäscher, zuletzt durch einen Reiniger mit Sägespänen und gelöschtem Kalk gehen läßt, dann zum Gasbehälter. — Aus 100 kg Paraffinöl entstehen 50 cbm Ölgas, dessen Leuchtkraft etwa das Drei- bis Vierfache des Leuchtgases ist. Die gebräuchlichen Eisenbahnwagenlampen für 7 Hefner-Kerzen (vgl. S. 79) erfordern stündlich 22 l Gas. Zur Erhöhung der Lichtwirkung hat man dem Ölgas 25 % Azetylen zugesetzt (Mischgas). — Das Blaugas (Augsburg) ist verflüssigtes Ölgas. In neuerer Zeit hat sich sowohl das elektrische, als auch das hängende Gasglühlicht zur Eisenbahnwagenbeleuchtung eingeführt.

4. Azetylen.

Das Azetylen gewinnt man aus Kalziumkarbid CaC_2, das man aus gebranntem Kalk und Kohle im elektrischen Ofen erhält (350 Amp. und 10 Volt):

$$CaO + 3C = CO + CaC_2.$$

Kalziumkarbid ist eine graue, steinartige Masse, die sich mit Wasser zu Azetylen C_2H_2 umsetzt:

$$CaC_2 + 2H_2O = Ca(OH)_2 + C_2H_2.$$

In der Schweiz und in Schweden benutzt man die Energie der Gebirgswasserfälle (Turbine mit Dynamo) zur Karbiderzeugung.

Das Azetylen ist ein farbloses Gas von eigentümlichem Geruch, spezifisches Gewicht 0,899. C_2H_2 ist vielfach durch Phosphorwasserstoff verunreinigt, den man durch Behandlung mit Chlorkalk zur Abscheidung (Phosphorsäurebildung) bringt, zwecks Verminderung der Explosionsgefahr. Das Azetylen selbst explodiert aber leicht, besonders unter Druck oder im flüssigen Zustand, ferner in Berührung mit Kupfer und Silber (Bildung von explosivem Kupfer- und Silberkarbid), dann sehr leicht im Gemisch mit Luft. Wie aus nachfolgender Tabelle (vgl. Hütte, Ingenieurtaschenbuch) ersichtlich, ist Azetylen von allen Gasen in der Mischung mit Luft mit in den weitesten Grenzen explosiv.

Explosionsgrenzen (in Volumprozenten) der Gemische brennbarer Gase und Dämpfe mit Luft.

Stoff	Obere Grenze	Untere Grenze
Kohlenoxyd	16,4 %	75,1 %
Wasserstoff	9,4 %	66,5 %
Wassergas	12,3 %	66,9 %
Azetylen	3,2 %	52,4 %
Leuchtgas	7,8 %	19,2 %
Methan (Grubengas) . .	6 %	12,9 %
Benzol	2,6 %	6,7 %
Benzin	2,3 %	2,5 %
Luftgas	2,5 %	4,8 %

Das Azetylen findet folgende Anwendungen:

a) Zur Beleuchtung. Es wird zu diesem Zwecke im Apparate von Pintsch erzeugt (Abb. 45). Das Karbid wird durch das seitliche Rohr A in den Entwickler eingeführt, das entstehende, aus dem Wasser entweichende Gas sammelt sich in C und wird bei B abgeleitet. Das in Wasser tauchende Rohr D dient zum Druckausgleich. Damit das Azetylen nicht mit rußender, sondern mit der kennzeichnenden weißen Flamme brennt, deren Helligkeit dem elektrischen Bogenlicht nahe kommt, benutzt man einen besonderen Brenner, in dem zwei Gasstrahlen gegeneinander strömen. Das Hauptanwendungsgebiet ist für Kraftwagen- und Fahrradlampen, Scheinwerfer für Lichtsignale, Leuchtbojen und zur Beleuchtung einzelner weit abgelegener Gebäude. Zu letzterem Zwecke darf die Azetylenerzeugung wegen der Explosionsgefahr nicht im Hause selbst, sondern nur in einem abseits gelegenen Schuppen erfolgen; ferner muß jede Berührung des Azetylens mit Kupferteilen vermieden werden. Ein anderer Azetylenapparat ist S. 149, Abb. 100 beschrieben [1]).

b) **Zum Motorbetrieb.**

c) **Zum autogenen Schweißen** (vgl. S. 148).

d) **Zur Wasserstoffdarstellung** nach dem Verfahren der **Karboniumwerke** in **Offenbach**, ausgeführt in **Friedrichshafen** zur Versorgung der dortigen Zeppelinwerft. Das gut gereinigte Azetylen wird in Zylindern aus besonders hartem Stahl auf 5 at zusammengepreßt. Dann läßt man den elektrischen Funken durchschlagen, wodurch das Azetylen in seine Bestandteile zerfällt, nämlich fast chemisch reinen,

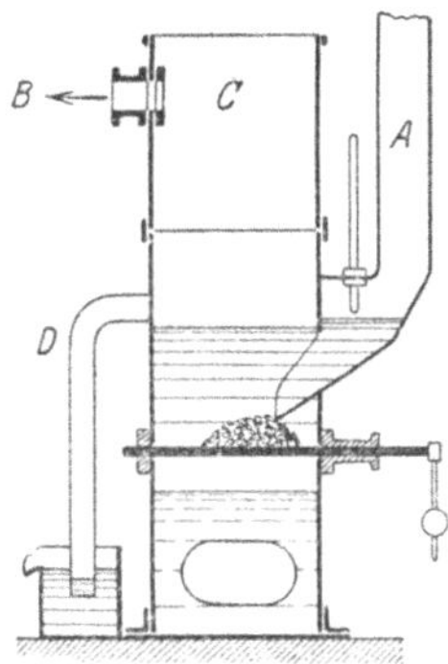

Abb. 45. Azetylenentwickler.

tiefschwarzen Kohlenstoff und Wasserstoff von 98% Reinheit. Man drückt nun beide Stoffe zusammen durch eine Rohrleitung in einen Sammler, in dem der Kohlenstoff sich am Boden absetzt, während der Wasserstoff durch seidene Filtertücher gereinigt, nach dem Gasbehälter strömt, um dann in bekannter Weise in Stahlflaschen unter Druck versandt zu werden. — Der feine Kohlenstoff findet im Kunstdruck Verwendung. Dieses Verfahren der Wasserstoffdarstellung setzt natürlich voraus, daß das Azetylen luftfrei ist.

Eine wichtige Anwendung des Kalziumkarbids ist auch zur Darstellung des als Kalkstickstoff bezeichneten Düngemittels durch Vereinigung mit Stickstoff. (Wichtiges Düngemittel besonders während des Weltkrieges.)

5. Generatorgas.

Das Generatorgas entsteht (im Generator) bei der unvollständigen Verbrennung von Koks auf einem Treppenrost (Abb. 46). Es enthält

---

[1]) Azetylen-Dissous oder gelöstes Azetylen wird dargestellt, indem man Stahlflaschen mit einer porösen Masse füllt, durch Erwärmen vom Wasser befreit, dann mit Azeton füllt und gasförmiges Azetylen einleitet. Diese Azetylenflaschen werden bei Schweißarbeiten vielfach benutzt.

25 % Kohlenoxyd, etwas Wasserstoff und Kohlenwasserstoff sowie etwa 65 % unverbrennbare Bestandteile.

Die Feuerungsanlagen für das Generatorgas, die Regeneratoren von Siemens (Abb. 47) bestehen aus den vier Kammern c, c_1, e, e_1, die mit feuerfesten Steinen derartig ausgemauert sind, daß zwischen diesen Luftzüge frei bleiben. Durch Rohr a tritt die Luft in c, das Gas durch a_1 in c_1 ein; ihre Flamme streicht über Herd d, und die Verbrennungsgase entweichen durch die Kammern e und e_1, die dadurch allmählich zum Glühen kommen, in den Schornstein f bzw. f_1. Sind die Kammern e und e_1 genügend erhitzt, so stellt man die Klappen b und b_1 um, so daß jetzt die Zuströmung von Luft und Generatorgas durch e und e_1 erfolgt, der Abzug der Verbrennungsgase durch c und c_1. Durch diese Vorwärmung von Luft und Generatorgas an den erhitzten Kammerwänden wird die Wärmewirkung gesteigert. Die Umstellung der Klappen b und b_1 muß natürlich häufig erfolgen.

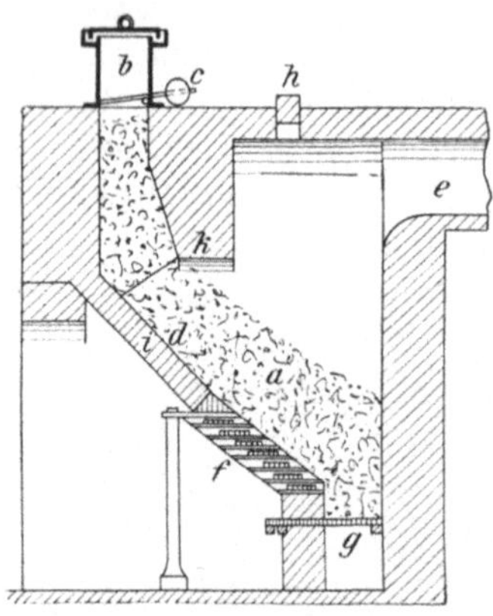
Abb. 46. Generator.

Das Generatorgas findet zum Heizen der Retortenöfen für die Leuchtgasanlagen Verwendung, für Glas- und Stahlöfen, sowie zum Motorbetrieb. — Man bezeichnet es hierbei als Druckgas, wenn es vom Generator in den Motor gedrückt wird und als Sauggas, wenn es vom Motor angesaugt wird.

Die Sauggasanlage (Abb. 48) der Deutzer Gasmotorenfabrik in Köln-Deutz besteht im wesentlichen aus dem Generator A und dem Skrubber E. Je nach dem Brennstoffe können noch weitere Reinigungsapparate hinzukommen, wie beispielsweise ein Kondensator F und ein Schlußreiniger t. Zwischen beiden liegt der stets erforderliche Druckausgleich- oder Gaskessel H.

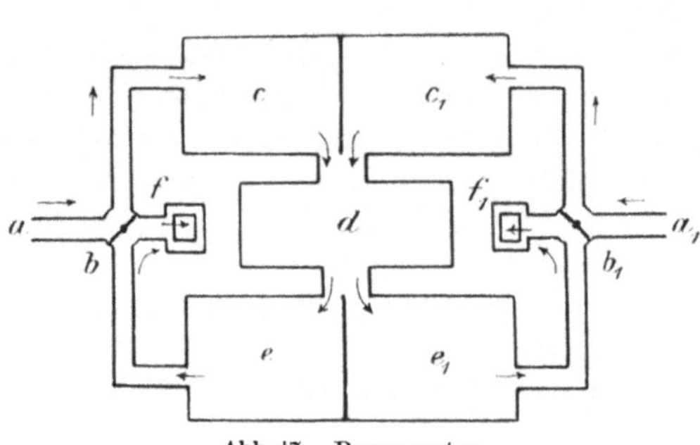
Abb. 47. Regenerator.

Der Generator besteht aus einem niedrigen, allseitig geschlossenen Schachtofen A, auf dessen Rost eine hohe Kohlenschicht liegt. Die Decke des oben erweiterten Schachtes wird durch einen gußeisernen Kasten B gebildet, dessen äußere Form sich dem Generatormantel anschließt, dessen gefalteter Innenraum zum Teil mit Wasser gefüllt ist

und als Verdampfer dient, während die Mitte eine Fortsetzung des
ausgemauerten Kohlenschachtes bildet. Über der inneren Durch-
brechung der Verdampferschale ist ein Kohlenaufnehmer C gestellt und
auf diesen ein Doppelverschluß C', so daß beim Einfüllen frischer

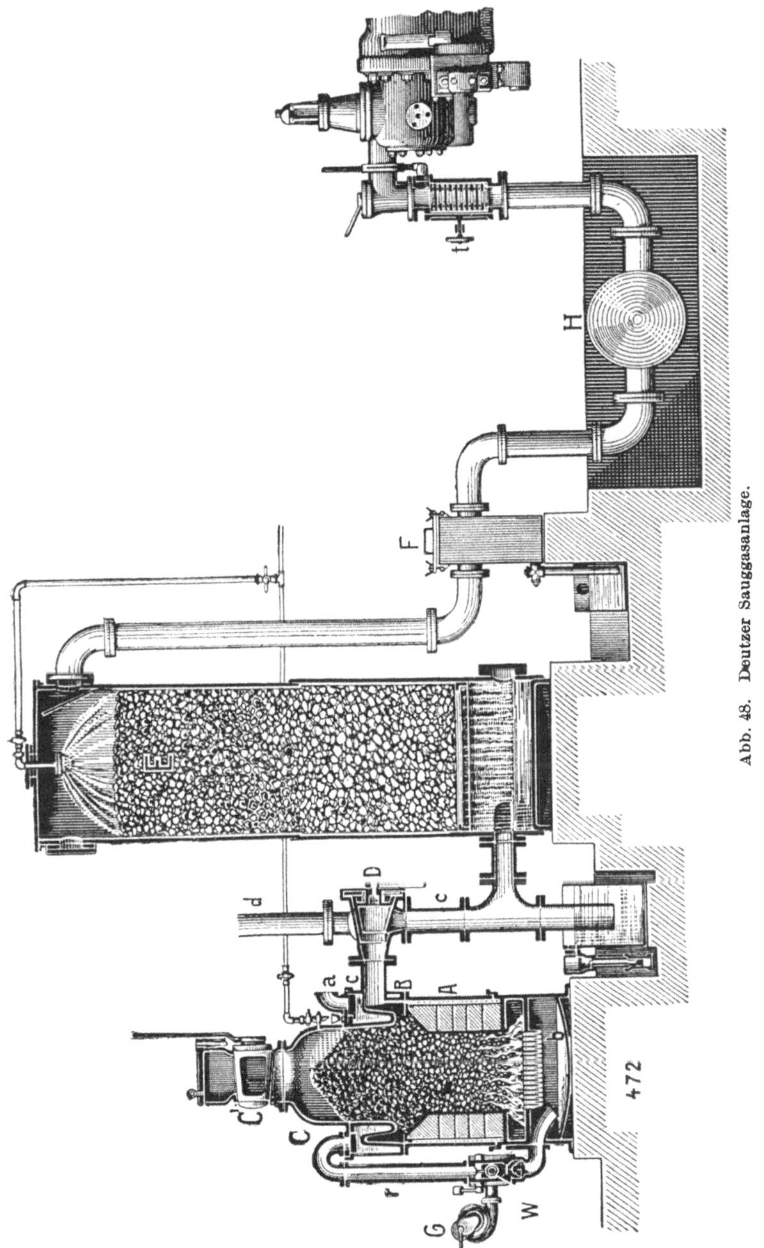

Abb. 48. Deutzer Sauggasanlage.

Kohlen niemals heiße Gase austreten und den Wärter belästigen können. Die Decke des Verdampfers hat zwei Öffnungen, von denen die eine a unmittelbar ins Freie mündet und dem Zutritt der nötigen Luft dient. Auf der anderen Seite schließt eine Leitung v an, deren Ausmündung unter dem Rost des Generators liegt. In diese Leitung ist ein Wechselventil W eingeschaltet und ein kleiner Ventilator G angeschlossen; im gewöhnlichen Betrieb ist der Durchgang durch v frei und der Ventilator abgeschlossen, zum Anblasen wird das Wechselventil so umgestellt, daß die Leitung nach oben geschlossen ist und durch den Ventilator Luft unter den Rost geblasen werden kann.

Der Arbeitsgang der Sauggasanlage ist nun wie folgt: Es sei angenommen, daß die Anlage im Betrieb, d. h. der Skrubber E, die Rohrleitung mit Gas gefüllt und der Motor in vollem Gange ist. Beim Saugen wird der Motor eine gewisse Menge Gas aus der Leitung absaugen und dadurch in derselben einen Unterdruck hervorrufen; dieser teilt sich erst dem Gastopf H und Wasserabscheider F, dann dem Skrubber E, danach dem Generator A und durch dessen Kohlenschicht dem Aschenkasten b und schließlich durch das Verbindungsrohr r der Verdampferschale B mit. Infolgedessen tritt Luft von außen durch den Stutzen a in die Schale ein, streicht über den heißen Wasserspiegel, reichert sich hier infolge Verdunstung des Wassers mit Wasserdämpfen an und gelangt mit diesen beladen durch das Verbindungsrohr r in den Aschenkasten b und durch den Rost in die glühende Brennstoffsäule des Generators, wo Luft und Wasserdampf zusammen mit der Kohle in Kraftgas umgewandelt werden. Der Motor bereitet sich also stets nur so viel Gas, als seiner augenblicklichen Belastung entspricht. Das noch heiße Gas tritt dann durch das mit einem Dreiweghahn D versehene Rohr c in den Skrubber, wo es ein mit Wasser berieseltes Koksfilter durchstreichen muß und dadurch gekühlt und gereinigt wird.

Vom Skrubber strömt das Gas durch den Kondensator F und den Gastopf H dem Motor zu. Kurz vor Eintritt in diesen geht es noch durch einen Schlußreiniger t, so daß es praktisch rein in den Motor kommt.

Der Wasserspiegel in der Verdampferschale wird durch stetigen Zufluß und Überlauf auf gleichbleibender Höhe erhalten; das überlaufende Wasser tritt durch ein kleines Röhrchen in den Aschenkasten, wo es verdampft.

Während des Betriebes haben nun die einzelnen Teile die Stellung, wie sie in Abb. 48 gekennzeichnet sind. Die Wechselklappe W, die durch den beschwerten Umleghebel gestellt wird, hat die Luftleitung vom Ventilator G abgesperrt und die Verbindung mit der Verdampferschale durch Rohr r hergestellt. Der Dreiweghahn D steht so, daß die Verbindung zum Skrubber offen und die zur Kaminleitung d abgesperrt ist.

Will man die Anlage still setzen, so dreht man einfach den Dreiweghahn D herum, so daß die Verbindung mit dem Kamin hergestellt ist; gleichzeitig damit wird der Gaszufluß nach dem Skrubber abgesperrt. Die Kaminleitung verursacht einen natürlichen Luftzug durch den Generator, so daß die Kohlen, ähnlich wie bei einem Füllofen, in schwacher Glut erhalten werden können. Der Zug im Generator kann durch die Tür am Aschenraum geregelt werden.

Zum erneuten Ingangsetzen des Generators braucht man nur mittelst des Ventilators G das Feuer anzufachen. Zu diesem Zweck wird mit der Wechselklappe W die Zuleitung vom Ventilator geöffnet und die zum Verdampfer geschlossen. Die Abgase entweichen so, wie in der Zeit des Stillstandes, durch die Kaminleitung d.

Nach einer Blasezeit von 5—10 Minuten ist die Temperatur im Innern des Generators wieder so hoch, daß der Betrieb von neuem begonnen werden kann. Es werden sämtliche Teile in die vorstehend beschriebene Betriebsstellung gebracht, worauf der Motor in Gang gesetzt werden kann. — Ähnlich dem Generatorgas ist das beim Eisenhochofenprozeß entstehende Gichtgas, das auch in ganz ähnlicher Weise verwendet wird.

Das ebenfalls zum Motorbetrieb benutzte Kraft- oder Dowsongas ist ein Gemisch von Generatorgas und Wassergas. Es wird wie das letztere dargestellt, nur mit dem Unterschiede, daß Dampf und Luft gleichzeitig eingeblasen werden.

6. Luftgas.

Unter Luftgas, wohl auch Benoidgas, Airogengas oder Pentairgas genannt, verstehen wir ein Gemisch brennbarer Dämpfe mit Luft. Namentlich wird der Petroläther dazu verwendet. Man benutzt das Gas zur Beleuchtung kleinerer Ortschaften.

E. Beurteilung der Brennstoffe.

Zur Beurteilung der Eigenschaften eines Brennstoffs ist die Kenntnis seines Heizwertes und der Zusammensetzung seiner Verbrennungsgase erforderlich, ferner bei solchen Stoffen, die zur Beleuchtung dienen, die Feststellung der Leuchtkraft. Bei Kohlen prüft man außerdem noch die Koksausbeute und den Aschengehalt (vgl. S. 60). Nach Angabe der Hütte, Des Ingenieurs Taschenbuch, ist der Heizwert von 1 kg Kohle, ausgedrückt in Wärmeeinheiten, durch die deutsche Verbandsformel:

$$h = 8100\,C + 29\,000\,(H - \tfrac{1}{8}\,O) + 2500\,S - 600\,W.$$

C, H, O und S bedeuten hierin die betreffenden chemischen Elemente, W das hygroskopische Wasser[1]) des Brennstoffs (alle diese An-

---

[1]) Unter dem hygroskopischen Wasser versteht man das Wasser bzw. den Wasserdampf, der sich aus den Brennstoffen durch chemische Umsetzung bei der Verbrennung bildet und zu dessen Verdampfung eine gewisse Wärme-

gaben in Kilogramm). Meistens wird mit Hilfe des Kalorimeters der Heizwert ermittelt. Diese Untersuchungen beruhen darauf, daß man eine gewisse Menge des Stoffes verbrennt und die Verbrennungsgase zur Erwärmung einer gewogenen Menge Wasser verwendet. Aus der Temperaturerhöhung des Wassers kann man dann leicht die Anzahl von Kalorien berechnen, die der Brennstoff abgegeben hat.

Heizwerte der wichtigsten Brennstoffe (für 1 kg).

a) Feste Brennstoffe.

Steinkohle	. 7 650 WE.	Holz . . .	4 100 WE.
Braunkohle	. 3 600 „	Koks . . .	7 200 „
Torf . . .	3 800 „	Holzkohle . .	6 900 „

b) Flüssige Brennstoffe.

Äther . . .	8 900 WE.	Petroleum .	. 11 000 WE.
Alkohol . .	7 100 „	Masut . . .	10 500 „
Benzol . .	10 000 „	Rüböl, Leinöl	9 300 „
Benzin . .	10 300 „	Terpentin . .	10 850 „

c) Luftförmige Brennstoffe.

Wasserstoff .	34 100 WE.	Wassergas .	2 600 WE.
Kohlenoxyd .	3 100 „	Generatorgas .	1 180 „
Azetylen . .	13 600 „	Gichtgas . .	900 „
Leuchtgas . .	5 100 „	Luftgas . .	2 700 „

Zur Beurteilung des Heizungsvorganges ist es ferner auch wichtig, die prozentische Zusammensetzung der Verbrennungsgase genau zu ermitteln, also deren Gehalt an Kohlendioxyd, Sauerstoff und Kohlenoxyd. Zur Bestimmung dient der Orsatapparat. (Ebenso wie die Heizwertbestimmung ausführlich behandelt in dem Werke Julius Brand, Technische Untersuchungsmethoden zur Betriebskontrolle, Berlin 1913).

Der Orsatapparat besteht (Abb. 49) aus der Röhre (Bürette) A von 100 ccm Fassungsvermögen, die im unteren Teil, der von $0-40$ ccm geht, verjüngt und hier in 0,2 ccm geteilt ist. A befindet sich in einem mit Wasser gefüllten Glaszylinder und ist unten durch einen Kautschukschlauch mit der Flasche E verbunden. B, C und D sind Absorptionsgefäße, die zur Vergrößerung der Oberfläche mit Glasröhren angefüllt sind. Jedes derselben ist unten mit einem gleich großen (dahinter befindlichen) Gefäße verbunden. Des weiteren sind a, b und c einfache Glashähne, d ein Dreiweghahn mit einer Längsbohrung. Das

---

menge verbraucht wird. Werden also W kg Wasserdampf entwickelt, so gehen $600 \cdot W$ Wärmeeinheiten verloren. Man unterscheidet daher zwischen dem oberen und unteren Heizwert der Brennstoffe. Der Unterschied zwischen beiden ist gleich der erwähnten Größe von $600 \cdot W$. Man gibt gewöhnlich den unteren Heizwert an.

U-Röhrchen *e* ist mit Watte gefüllt, um das durchstreichende Gas von Staub zu befreien. Durch entsprechende Drehung von *d* kann *e* mit *A* oder die äußere Luft mit *A* oder mit *e* verbunden werden. *B* wird mit 200 ccm 50%iger Kalilauge zur Bindung des Kohlendioxyds gefüllt, *C* zur Bindung des Sauerstoffs mit pyrogallussaurem Kalium (entstanden aus 180 g KOH in 300 ccm Wasser und 12 g Pyrogallussäure in 50 ccm Wasser) und *D* zur Bindung des Kohlenoxyds mit ammoniakalischer Kupferchlorürlösung (entstanden aus einem Gemisch von je $^1/_4$ l gesättigter Salmiaklösung und starker Ammoniakflüssigkeit, das in einem Stöpselglase mit Kupferspänen geschüttelt wird).

Zur Ausführung der Untersuchung schließt man die Hähne *a*, *b* und *c* und bringt das Gefäß *A* mittelst des Dreiweghahns *d* mit der äußeren Luft in Verbindung. Durch Heben der Flasche *E* füllt man *A* bis zur Marke mit Wasser, dann schließt man *d* gegen *A* ab, senkt *E* und öffnet *a*. Infolgedessen wird *B* mit seiner Absorptionsflüssigkeit gefüllt. Ebenso füllt man *C* und *D*.

Durch Drehung von *d* bringt man *e*, also auch den mit *e* verbundenen Raum, dem das Gas entnommen werden soll, mit der Luft in Verbindung. Durch Drücken auf eine Kautschukpumpe, die durch einen Schlauch mit der Spitze

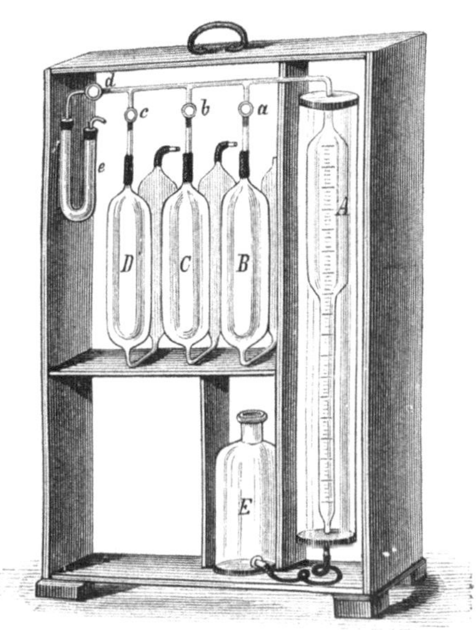

Abb. 49. Orsatapparat. (Aus Chemikerkalender.)

des Dreiweghahns in Verbindung steht, oder mittelst eines Saugapparates, entfernt man die Luft aus den Leitungen, stellt dann *d* so, daß *d* mit *A* in Verbindung kommt, und füllt durch Senken der Flasche *E* die Bürette *A* mit Gas. Man drängt das Gas nochmals fort und füllt *A* wiederum, um sicher zu sein, daß die Luft aus der Leitung entfernt ist. Dann schließt man *d*, öffnet *a* und drängt durch Heben von *E* das Gas aus *A* nach *B*, wo durch Wiederholung des Verfahrens das Kohlendioxyd gebunden wird. Dann senkt man *E* so weit, daß das Wasser darin so hoch steht wie in *A*, und liest die Raummenge von *A* ab. Sind z. B. noch 92 ccm vorhanden, so enthielt das Gas 8 ccm Kohlendioxyd. Ganz entsprechend wird der Sauerstoff und das Kohlenoxyd bestimmt.

Wenden wir uns noch zur Frage der Leuchtkraft der brennbaren Stoffe, so gilt als Einheit für die Lichtstärke die Hefnerkerze (HK.).

Es ist dies die Lichtstärke einer Amylazetatlampe[1]) (von Hefner-Alten-
eck) von 40 mm Flammenhöhe und 8 mm Dochtdurchmesser. 1 HK.
entpricht 0,833 deutschen Vereinskerzen (altes Maß). Das Lux oder
die Meterkerze ist die Helligkeit einer weißen Fläche, die im senk-
rechten Abstand von 1 m von der Lichteinheit von 1 HK beleuchtet
wird. Die Ermittelung der Lichtstärke irgendeines Leuchtstoffes erfolgt durch Vergleich mit der Hefnerlampe mittels des bekannten
Bunsenschen Photometers (Fettfleck auf Papier).

Vergleich der Lichtstärken und Kosten der wichtigsten Lichtarten.

Lichtart	Lichtstärke in HK.	Kosten in Mark für das 1000 HK.-Std.[2])
Wachskerze	1,2	30,00
Stearinkerze	1,22	13,05
Petroleumlampe	27,0	0,75
Leuchtgas-Schnittbrenner . .	11,0	1,50
Leuchtgas-Glühlicht	55,5	0,38
Wassergas-Glühlicht	80,0	0,08
Ölgaslampe.	10,0	1,50
Azetylenlampe	25,0	0,50
Elektrische Kohlefadenlampe	18,0	1,90
Elektrische Bogenlampe . .	600,0	0,70

Im Anschluß hieran seien noch einige auf Beobachtung der Glüh-
erscheinung beruhende, in der Praxis gebräuchliche Temperaturbezeich-
nungen erwähnt:

$$\begin{array}{ll}
\text{Dunkelrotglut} \; . \; . \; . \; . & 700^\circ \text{ C} \\
\text{Kirschrotglut} \; . \; . \; . \; . & 900^\circ \text{ C} \\
\text{Hellkirschrotglut} \; . \; . & 1000^\circ \text{ C} \\
\text{Weißglut} \; . \; . \; . \; . \; . & 1300^\circ \text{ C} \\
\text{Blendende Weißglut} \; . \; . & 1500^\circ \text{ C}
\end{array}$$

VI. Die Fette, Öle und Harze.

Fette und Öle sind dem Tier- oder Pflanzenreich entstammende
Verbindungen der Fettsäuren, besonders Palmitin-, Margarin-, Stearin-
und Ölsäure (von vielatomiger Zusammensetzung) mit Glyzerin
$C_3H_5(OH)_3$. Die Harze sind wasserunlösliche pflanzliche Stoffe, teils
weich (Weichharze), teils hart, aber schmelzbar (Hartharze). Diese
Stoffe dienen zur Herstellung von Seifen, Kerzen, Schmiermitteln,
Linoleum, Farblacken, Firnissen u. a. m.

---

[1]) Normallampe.

[2]) Nachstehende Kostenangaben, die vor dem Weltkriege gültig waren,
haben zur Zeit nur Vergleichswert.

1. Die Schmiermittel.

Als Schmiermittel spielen die genannten Fette und Öle im Vergleich mit den Erdölbestandteilen nur eine äußerst geringe Rolle, weil sie leicht verharzen. Rüböl und Olivenöl werden mitunter angewendet (Textilindustrie), sie sind aber selten säurefrei; das gleiche gilt vom Talg, der u. a. zum Schmieren der Triebriemen dient, oft mit Tran vermischt[1]. Andere Öle (Süßmandelöl) dienen zum Schmieren feiner Apparate. Die Gewinnung der Fette und Öle geschieht teils durch Auspressen, teils durch Ausschmelzen der Rohstoffe oder durch Lösen in Benzin usw.

2. Die Seifen.

Erhitzt man die Fette (Palmöl, Talg) mit Kalilauge oder Natronlauge, so tritt Zersetzung ein, es entsteht Glyzerin einerseits und fettsaures Kalium bzw. Natrium andererseits. Fettsaures Kalium ist Schmierseife (weich), das Natriumsalz dagegen die Kernseife (hart). Man hat diese Zersetzung daher auch Verseifung[2] genannt. Die reinigende Wirkung der Seife beruht darauf, daß sie die Schmutzstoffe aufnimmt (Emulsionsbildung). — Mit zähflüssigem Schmieröl gemischt, braucht man die Seifenlösung bei Bohr- und Fräsmaschinen; ferner benutzt man Seife zur Verminderung der Reibung (z. B. Ablaufbahn für den Stapellauf der Schiffe). Zersetzt man die Fette mit Kalziumhydroxyd, so entsteht die wasserunlösliche Kalkseife (fettsaures Kalzium), daher „gerinnt" die Seife in hartem Wasser, d. h. das fettsaure Kalzium scheidet sich als Niederschlag aus (vgl. Kesselspeisewasserreinigung). — Kalkseife mit etwas Wasser und mineralischem Schmieröl gemischt, bildet das Stauferfett. Ein wichtiges Nebenerzeugnis der Seifengewinnung ist das Glyzerin. Dasselbe bildet, durch Destillation gereinigt, eine wasserklare, süßlich schmeckende Flüssigkeit (spezifisches Gewicht 1,27). Wegen seines Wasseranziehungsvermögens wird es gewissen Farben und Tinten zugesetzt. Mit Glyzerin gemischt, erstarrt das Wasser erst bei − 30°; man braucht daher derartige Gemische im Winter zum Füllen von Gasuhren und als Kühlflüssigkeit bei Kraftfahrzeugen. Mit Bleiglätte vermengt, dient es zum Einkitten der Porzellanisolatoren. In Verbindung mit Leim oder Gelatine findet das Glyzerin als Hektographenmasse Verwendung, als sogenannter Gelatineleim. Ferner wird das Glyzerin als Flüssigkeit bei hydraulischen

---

[1] Hierzu wird auch Rhizinusöl gebraucht.

[2] Die tierischen und pflanzlichen Fette und Öle sind durch Alkalien verseifbar, im Gegensatz zu den mineralischen Ölen, den Erdölbestandteilen, die, wie früher erwähnt, vorwiegend aus Kohlenwasserstoffen bestehen. — Bei der Entfettung der Metalle (vgl. S. 130) kann man daher die tierischen und pflanzlichen Fette mit Soda oder Natronlauge verseifen, während sich die Erdölbestandteile nur durch Lösung in Benzin entfernen lassen.

Apparaten benutzt, z. B. bei der Rohrrücklaufvorrichtung der Geschütze, bei hydraulischen Pressen, den hydraulischen Prellböcken der Bahnhöfe und im Preßzylinder des Prüfungsapparates für Indikatorfedern von Dreyer, Rosenkranz & Droop, Hannover. — Läßt man auf Glyzerin ein Gemisch von Salpetersäure und Schwefelsäure einwirken, so entsteht das Nitroglyzerin (Sprengöl), das, in Kieselgur aufgesaugt, als Dynamit in den Handel kommt. Im ungefrorenen Zustand ist Dynamit weniger gefährlich zu handhaben als Nitroglyzerin.

3. Die Kerzen.

Sofern nicht Wachs- bzw. Talgkerzen verwendet werden, benutzt man die aus Stearin hergestellten. Man verseift die Fette mit Ätzkalk und zersetzt die erhaltenen Kalziumsalze mit Säure, wobei die freien Fettsäuren entstehen. Nach dem Abpressen der flüssigen Ölsäure bleibt die feste Stearinsäure, das Stearin genannt, zurück (Ausbeute etwa 48 % des angewandten Talgs). Die Stearinkerzen erhalten immer einen Zusatz von Paraffin, weil sie sonst zu spröde sind, die Paraffinkerzen umgekehrt etwas Stearin, weil sie ohne dieses zu weich wären. Die Herstellung der Kerzen erfolgt in der Weise, daß man die Masse in Formen gießt, in denen sich der Docht befindet (letzterer hat bei der Kerze die gleiche Aufgabe, wie beim Petroleumlicht).

4. Das Leinöl.

Das Leinöl, das durch Auspressen des Leinsamens gewonnen wird, zeigt die Eigenschaft, durch allmähliche Oxydation zu erstarren, indem es verharzt (trocknendes Öl). Beschleunigt wird dieser Vorgang durch Kochen des Leinöls mit Oxydationsmitteln, wie Bleiglätte, Mennige oder Braunstein; es entsteht der Leinölfirnis, auch Sikkativ genannt, der, dem Leinöl zugesetzt, dessen Trocknung beschleunigt. Das Leinöl findet folgende Anwendungen:

a) zur Herstellung von Ölfarben, die in Leinöl feinst verteilt (suspendiert) aufgetragen werden, und zwar in möglichst dünnen Schichten, da die Anstriche sonst schlecht haften. Alte Ölfarbenanstriche entfernt man mit Natronlauge;

b) mit Mennige und Hanf zur Dichtung von Gewinden;

c) mit Bleiweiß und Kreide als Glaserkitt;

d) zur Herstellung von Linoleum, einem Stoff, der aus einem Gemisch von verharztem Leinöl und Korkpulver besteht;

e) zur Herstellung von Lacken.

Unter Lacken versteht man die Lösung von Harzen (z. B. Bernstein, Kopal oder Schellack) in Leinöl, Spiritus oder Terpentinöl. Letzteres entsteht durch Destillation des Terpentins (Harz von Kiefer und Tanne) neben Kolophonium. Das Terpentinöl dient auch zum Reinigen von Elfenbein, das Kolophonium (nicht für Treibriemen verwenden) benutzt man beim Löten, ferner mit Schellack, Zinnober oder Eisenoxyd zur Herstellung von Siegellack. Schellack wird außerdem zur Herstellung von Holzpolituren gebraucht. Durch Einwirkung von Chlorwasserstoff auf Terpentinöl entsteht der sogenannte künstliche Kampfer. Der natürliche entstammt dem Kampferbaum (Japan); es ist eine weiße, stark riechende Masse, in Wasser unlöslich, die zur Darstellung von Zelluloid und zu Sprengstoffen gebraucht wird.

5. Kautschuk und Guttapercha.

Die zu den Harzen gehörenden Rohstoffe Guttapercha und Kautschuk werden aus dem Milchsaft tropischer Bäume gewonnen. Die Baumstämme werden angebohrt und der ausfließende Saft in angeklebten Tonkapseln aufgefangen, dann in größeren Gefäßen gesammelt. Das · hier erstarrende Roherzeugnis wird durch Zerkleinern, Waschen, Kneten und Walzen gereinigt. Die beste Sorte bezeichnet man als Paragummi. — Die gereinigte Masse ist weiß bis braun, nur die Erzeugnisse Westindiens schwarz. Rotes Gummi ist durch Schwefelantimon gefärbt[1]). Gummi ist in Benzin und verschiedenen Teerölen löslich. Die Gummiwaren werden dann vulkanisiert, d. h. mit Schwefel S oder Chlorschwefel S_2Cl_2 (letzteres aus S und Cl erhalten), warm behandelt, weil sie sonst in der Kälte hart und in der Wärme klebrig sind. Das Gummi nimmt hierbei 10 % Schwefel auf; Hartgummi (Ebonit) für elektrische Isolation enthält bis zu 25 % Schwefel. Zur Herstellung von Gummischläuchen befindet sich die Gummimasse in einem erwärmten Zylinder, aus dem sie durch das Mundstück über einen Dorn gedrückt wird. Ähnlich erfolgt die Herstellung von Schläuchen mit gewebter Einlage. — Gummiplatten zu Pumpenklappen werden in der Weise hergestellt, daß man die Platten übereinander legt, bis sie die erforderliche Stärke haben. Gummiplatten zur Dichtung von Dampf- und Wasserleitungen stellt man in der Weise her, daß man zwischen die einzelnen Lagen Gummi solche aus gummiertem Stoff bringt und dann vulkanisiert. Manche Erzeugnisse (Gummischuhe) werden durch Zusammenkleben der Einzelteile hergestellt.

Den Farbenfabriken vorm. Friedr. Bayer & Co. in Leverkusen a. Rh. ist es gelungen, aus gewissen Kohlenwasserstoffen (Isopren, Erythren) künstlich Kautschuk darzustellen, der sich als Ersatz des natürlichen während des Weltkrieges gut bewährt hat.

Zwei Ersatzstoffe für Kautschuk sind Vulkanfiber und Galalith.

Vulkanfiber erhält man aus gewissen Baumwollarten durch Behandlung mit Zinkchloridlösung, wodurch die Faser dick aufquillt. Die Masse wird gepreßt und gewaschen; sie findet als Ersatz für Kautschuk (Isoliermittel), Horn und Leder Verwendung.

---

[1]) Auch Gips und Kreide u. a. m. werden oft zugesetzt.

Galalith wird aus dem aus der Milch abgeschiedenen Kaseïn (Käsestoff) durch Behandlung mit Formaldehyd als eine harte, glänzende Masse abgeschieden, die als Ersatz für Zelluloid und Hartgummi (Isolation) dient. Das Galalith ist geruchlos und nicht feuergefährlich.

VII. Die Kesselspeisewasserreinigung.

1. Hartes Wasser und Kesselstein.

Wir haben schon früher das Wasser, das reich an Kalzium- und Magnesiumsalzen ist, als hartes bezeichnet, im Gegensatz zum weichen, das nur geringe Mengen dieser Stoffe enthält. Die in Frage kommenden Salze sind die Sulfate und die sauren Karbonate von Kalzium und Magnesium (mitunter auch deren Chloride $MgCl_2$ und $CaCl_2$), also

$CaSO_4$ Kalziumsulfat, $CaH_2(CO_3)_2$ saures Kalziumkarbonat,
$MgSO_4$ Magnesiumsulfat, $MgH_2(CO_3)_2$ saures Magnesiumkarbonat.

Kocht man das harte Wasser, so erleiden die Sulfate keine stoffliche Veränderung; beim Eindampfen der Flüssigkeit scheidet sich aber der schwer lösliche Gips $CaSO_4$ als Niederschlag ab. Die sauren Karbonate verwandeln sich in die neutralen, die wasserunlöslich sind und sich daher als Niederschlag abscheiden. Diese Niederschläge setzen sich als mehr oder minder dichte Masse, dem Kesselstein, an den Wandungen des mit hartem Wasser gespeisten Kessels ab, was aber vermieden werden muß, weil sich dadurch folgende Übelstände für den Betrieb ergeben:

a) Mehraufwand an Brennstoff, da der Kesselstein als schlechter Wärmeleiter die Feuerungskosten für jedes Millimeter Dicke der Schicht um 12—15% erhöht;

b) Gefahr der Verstopfung der Rohre des Kessels;

c) Gefahr der Kesselexplosion, bedingt durch einen Sprung in der Kesselsteinschicht, wodurch das Wasser, die glühende Kesselwandung berührend, mit großer Heftigkeit verdampft. Hierdurch können leicht Explosionen entstehen.

Man wird daher das zur Kesselspeisung zu verwendende Wasser auf seine Härte prüfen und diese gegebenenfalls beseitigen müssen. Die Untersuchung beruht darauf, daß die Seife, wie erwähnt, durch Kalzium- und Magnesiumverbindungen zersetzt wird, durch Bildung der betreffenden fettsauren Salze, die wasserunlöslich sind. Man benutzt zur Untersuchung eine sogenannte Normalseifenlösung, die im Liter eine bestimmte Menge Seife enthält. Solche Lösungen werden von vielen chemischen Fabriken in den Handel gebracht.

Wasserhärtetabelle.

(Beziehungen zwischen Härtegrad und den verbrauchten Kubikzentimetern
Seifenlösung.)

Härtegrad	Erforderlich ccm Seifenlösung	Unterschied für das ccm Seifenlösung (Härtegrade)
1	5,4	0,25
2	9,4	0,25
3	13,2	0,26
4	17,0	0,26
5	20,8	0,26
6	24,4	0,277
7	28,0	0,277
8	31,6	0,277
9	35,0	0,294
10	38,4	0,294
11	41,8	0,294
12	45,0	0,310

Man füllt in ein in $^1/_{10}$ ccm geteiltes Glasrohr, eine sogenannte
Bürette, das unten mit einem Hahn verschlossen (Abb. 50), die Seifenlösung ein und läßt sie in eine Stöpselflasche fließen, in der sich
100 ccm des zu untersuchenden Wassers befinden. Zunächst unter-
bricht man jedesmal, wenn 2 ccm Lösung eingeflossen sind, dann
nach jedem Kubikzentimeter, und versucht, indem
man die verschlossene Flasche schüttelt, ob Seifen-
schaum entsteht. Dies kann natürlich erst eintreten, wenn alle Kalzium- und Magnesiumsalze gebunden und Seife in Überschuß vorhanden ist.
Sobald der beim Schütteln entstehende Schaum sich
fünf Minuten hält, ist genügend Seifenlösung zugesetzt, und aus der Anzahl der verbrauchten
Kubikzentimeter kann man mittels obiger Tabelle
den Härtegrad des Wassers feststellen. Ein deutscher Härtegrad entspricht 0,01 g CaO in einem
Liter Wasser; ein deutscher Grad ist gleich 1,25
englischen bzw. 1,79 französischen Härtegraden.

Wiederholt man nun den Versuch, nachdem man
das zu untersuchende Wasser vorher eine halbe
Stunde gekocht und mit destilliertem Wasser bis
zur ursprünglichen Raummenge wieder aufgefüllt
hat, so beobachtet man, daß die Härte geringer

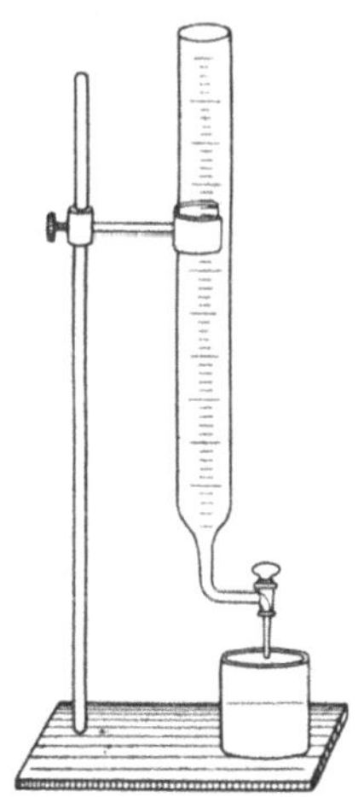

Abb. 50. Bürette.

geworden ist. Dies erklärt sich dadurch, daß die sauren Karbonate
sich beim Kochen zersetzt haben und jetzt nicht mehr bei der Härte-
prüfung in Erscheinung treten. Die Gesamthärte des Wassers setzt
sich somit aus der temporären oder Karbonathärte und der blei-
benden oder Nichtkarbonathärte (auch Gipshärte genannt) zusammen.

Je nach dem Härtegrad des Wassers richtet sich auch das Reinigungsverfahren. Besonders sei auch hier vor den noch heute angepriesenen zahlreichen Geheimmitteln zur Kesselsteinbekämpfung gewarnt, die bei hohem Preis meistens nichts nützen, oft sogar schädlich sind, indem sie die Kesselwandungen angreifen usw.

2. Kesselsteinbeseitigung im Kessel.

In vielen Fällen beschränkt man sich darauf, ein Festbrennen des Kesselsteins an den Wandungen dadurch zu vermeiden, daß man den Kessel innen mit einem Gemisch von Milch und Graphit anstreicht, wodurch der Kesselstein sich am Boden als Schlamm absetzt und leicht abgelassen werden kann. Bei geringer Härte genügt auch häufig ein Zusatz von Soda (für Härtegrade von $4-6°$), wodurch die Nichtkarbonathärte beseitigt wird[1]):

$$CaSO_4 + Na_2CO_3 = CaCO_3 + Na_2SO_4$$
$$MgSO_4 + Na_2CO_3 = MgCO_3 + Na_2SO_4.$$

Für die heute viel gebrauchten Wasserrohrkessel mit ihren vielen schwer zugänglichen Teilen ist aber auch die Beseitigung der Karbonathärte erforderlich, was zweckmäßig vor der Speisung erfolgt.

3. Kesselsteinbeseitigung außerhalb des Kessels.

a) Das Kalk-Sodaverfahren. Die Nichtkarbonathärte wird, wie oben angegeben, mit Soda entfernt, die Karbonathärte durch gelöschten Kalk. Die Wirkung des letzteren beruht darauf, daß er die sauren in die neutralen Karbonate überführt, die unlöslich sind:

$$CaH_2(CO_3)_2 + Ca(OH)_2 = 2\,CaCO_3 + 2\,H_2O$$
$$MgH_2(CO_3)_2 + Ca(OH)_2 = MgCO_3 + CaCO_3 + 2\,H_2O.$$

Für jeden Härtegrad im Kubikmeter Wasser beträgt der Zusatz an Ätzkalk und Soda je etwa 20 g; Überschüsse sind natürlich zu vermeiden, weil dadurch das Speisewasser alkalisch wird (Nachweis mit Phenolphtalein). Da sich nun mit der Zeit im Kessel eine gesättigte Salzlösung ansammeln würde, so muß der Kessel häufiger abgelassen werden. — Durch dieses Reinigungsverfahren gelingt die Enthärtung bis zum dritten Härtegrad herunter. Von den vielen Bauarten der Kesselspeisewasserreiniger sei hier der nach der Bauart Desrumeaux von P. Kyll in Köln gebaute (Abb. 51) erwähnt.

In das im Kasten A befindliche Wasser schüttet man gebrannten Kalk; es bildet sich Kalkbrei $Ca(OH)_2$, der durch das Rohr B in die

---

[1]) Auch die Chloride werden hierdurch in die unlöslichen Karbonate verwandelt.

untere Hälfte des Kalksättigers läuft, während durch das Rohr C
Wasser entgegen fließt. Die Auslaugung des Kalkbreies durch das
Wasser wird durch das Rührwerk R gefördert. Durch eingebaute
Platten D wird die drehende Bewegung des Gemenges aufgehalten,
damit im oberen Teil des Sättigers die ausgelaugten Kalkteilchen

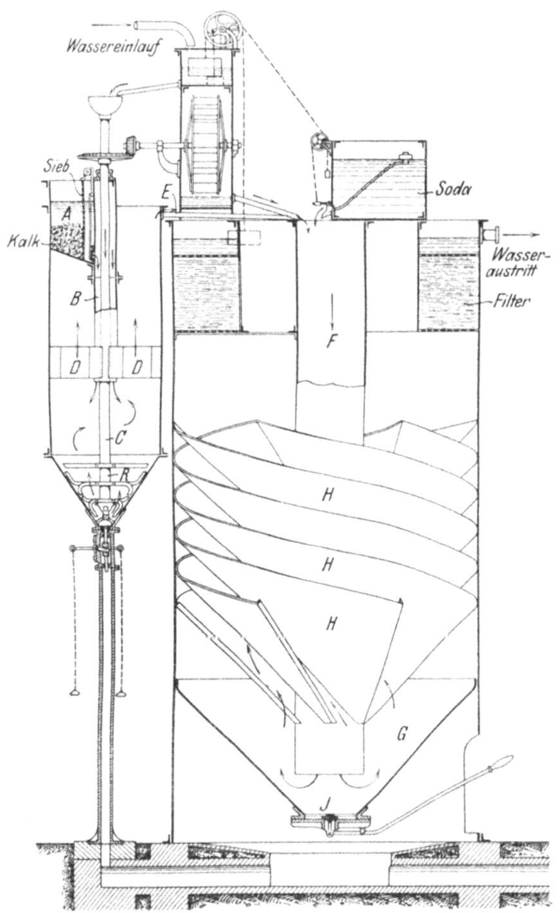

Abb. 51. Kesselspeisewasserreiniger, Bauart Desrumeaux.
(Aus Spalckhaver-Schneiders, Dampfkessel.)

sinken können, und ein geklärtes Kalkwasser über Rinne E in den
Umsetzungsraum fließt. Das Rührwerk wird durch das zufließende
Rohwasser selbst mittels eines kleinen oberschlächtigen Wasserrades
betrieben. Im Umsetzungsraume vereinigen sich dann Kalk- und
Sodalösung mit dem Rohwasser. Das aus dem Mittelrohr F unten
austretende Wasser setzt den Schlamm zunächst auf den schrägen
Flächen des unteren Trichters G ab, steigt dann langsam zwischen

den schiefen Schraubenflächen H, die das Mittelrohr umgeben, aufwärts, wobei sich die feinsten Schlammteilchen, die noch mitgerissen sind, ablagern und allmählich in den Trichterraum rutschen, wenn zur Entfernung des Schlamms das Bodenventil J auf kurze Zeit geöffnet wird. Der letzte Schlammrest wird durch das Filter oben zurück gehalten.

Beim Verfahren der Maschinenbauanstalt Humboldt in Köln-Kalk wird der Schlamm in Setzkästen mit geneigten Wänden abgeschieden.

b) Das Natronlauge-Sodaverfahren. Hier ist der gelöschte Kalk durch Natronlauge ersetzt, wodurch die Karbonathärte ganz entsprechend beseitigt wird. Zur Beschleunigung des Verfahrens wird das zu reinigende Wasser vorgewärmt.

$$CaH_2(CO_3)_2 + 2\,NaOH = 2\,H_2O + Na_2CO_3 + CaCO_3$$
$$MgH_2(CO_3)_2 + 2\,NaOH = 2\,H_2O + Na_2CO_3 + MgCO_3.$$

Die Nichtkarbonathärte wird auch hier durch Soda beseitigt. Abb. 52 zeigt die Anordnung der nach diesem Verfahren arbeitenden Kesselspeisewasserreinigungsanlage der Maschinenfabrik von A. L. G. Dehne in Halle a. S.

Das vom Hochbehälter H oder aus einer Druckleitung kommende Wasser tritt zunächst in den Vorwärmer A, in dem es durch Abdampf oder Frischdampf auf etwa 80° C erwärmt, dem Fällapparat B zugeführt wird. Diesem werden durch die Laugepumpe E aus dem Behälter F die erforderlichen Mengen des Gemisches von Natronlauge und Sodalösung zugeführt. Die ausgefällten Salze scheiden sich flockenförmig ab. Um sie vom enthärteten Wasser zu trennen, leitet man dieses durch die Filterpresse C (hier geht es durch eine Anzahl von Filtertüchern, in denen der Niederschlag zurückgehalten wird). Durch die Pumpe D wird dann das völlig geklärte und enthärtete Wasser dem Dampfkessel zugeführt.

c) Das Permutitverfahren beruht auf einem als Permutit bezeichneten Natrium-Aluminium-Silikat, das durch Zusammenschmelzen von Ton, Feldspat, Kaolin, Sand und Soda erhalten wird, und das die Eigentümlichkeit zeigt, in Berührung mit Kalzium- und Magnesiumsalzen das Natrium gegen Kalzium bzw. Magnesium auszutauschen. Das hierdurch entstehende Kalzium- bzw. Magnesiumpermutit wird durch Kochsalzlösung wieder in Natriumpermutit übergeführt. Die Apparate bestehen aus zylindrischen Blechgefäßen, in denen sich zwei Kiesfilter zur Beseitigung organischer Verunreinigungen des Wassers befinden, darunter das Permutitfilter selbst. Das Wasser fließt mit etwa 4 m/std. Geschwindigkeit hindurch. Wenn das Filter unwirksam wird, so muß es mit 10%iger Kochsalzlösung behandelt werden, die auf 45° C erwärmt ist, was etwa fünf Stunden erfordert. Man hat daher die Kochsalzbehandlung während der Nachtzeit vorzunehmen;

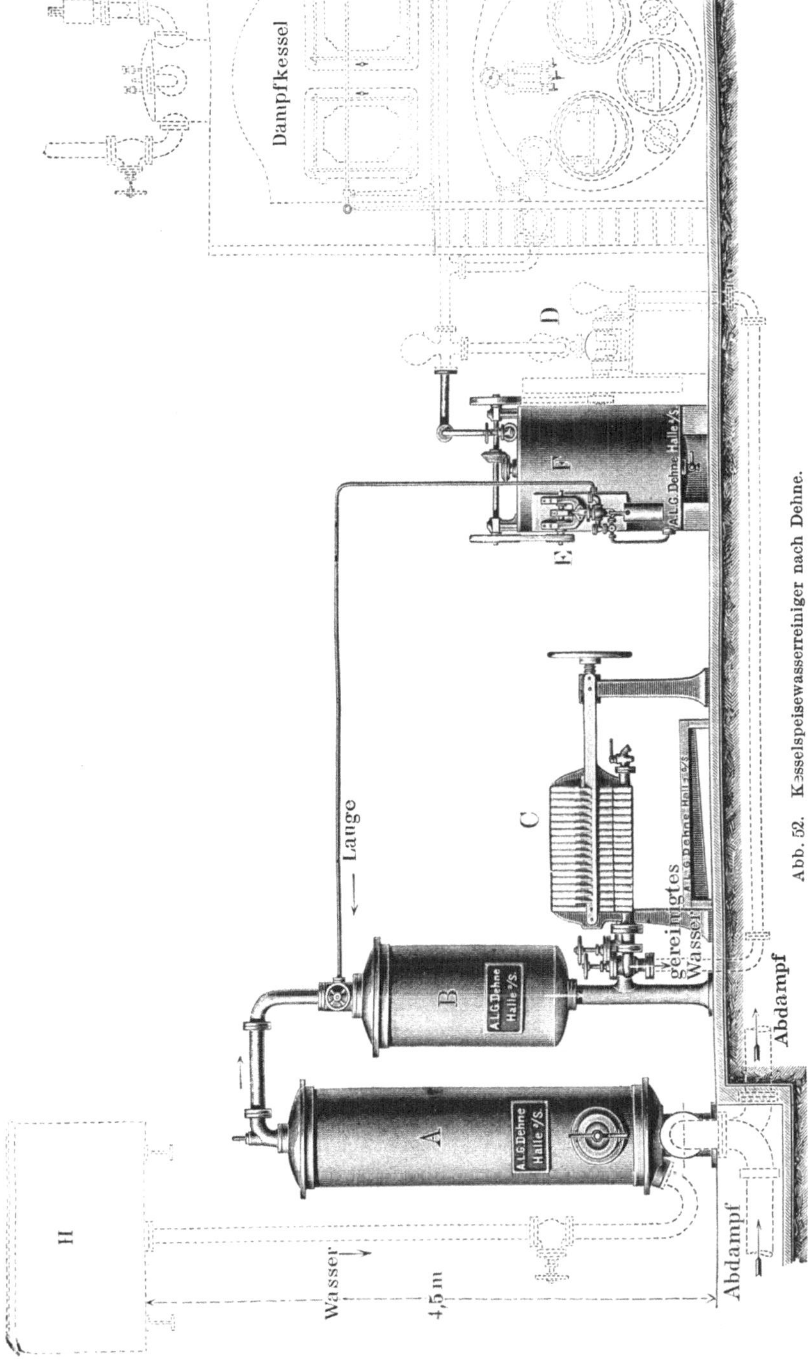

Abb. 52. Kesselspeisewasserreiniger nach Dehne.

bei Tag- und Nachtbetrieb sind zwei Apparate erforderlich. Abb. 53 zeigt einen solchen Reinigungsapparat der **Permutit-Filter-Co.** in Berlin.

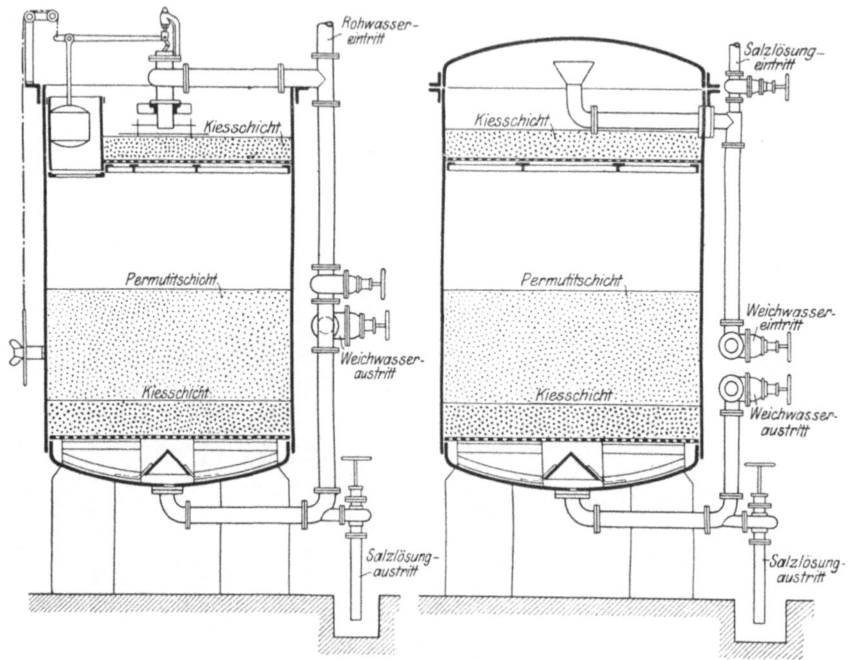

Abb. 53. Permutit-Kesselspeisewasserreiniger.

4. Entölung des Kesselspeisewassers.

Neben der Enthärtung spielt die Entölung des Kesselspeisewassers (Kondenswasser) im Betriebe eine wichtige Rolle. Setzt sich das Öl an die Kesselwandungen an, so kann dies ein Durchglühen der Bleche, Einbeulungen und Explosionen zur Folge haben. Die Apparatebauanstalt Hans Reisert in Köln erreicht die Entölung durch Zusatz von Aluminiumsulfat, wodurch das Öl, mechanisch gebunden, leicht abfiltriert werden kann.

VIII. Die nichtmetallischen Baustoffe.

1. Das Glas.

Das Glas ist ein Kalium-Natrium-Kalzium-Silikat, das durch Zusammenschmelzen von Quarzsand, Pottasche, Soda und Kalk entsteht. Das Glas wird im rotglühenden, teigigen Zustand geblasen und im weißglühenden, dünnflüssigen Zustand gegossen. Das Erhitzen erfolgt in den feuerfesten Gefäßen, Häfen genannt, die bei Öfen mit festen

Brennstoffen zum Schutz gegen Flugasche mit einer Kappe versehen sind, sogenannte Haubenhäfen (Abb. 55). Bei den meist üblichen Generatorgasöfen (Abb. 56) werden offene Häfen benutzt (Abb. 54).

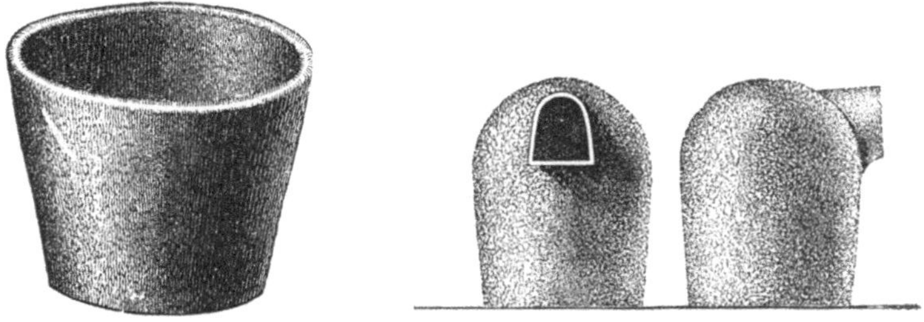

Abb. 54 und 55. Glashäfen.

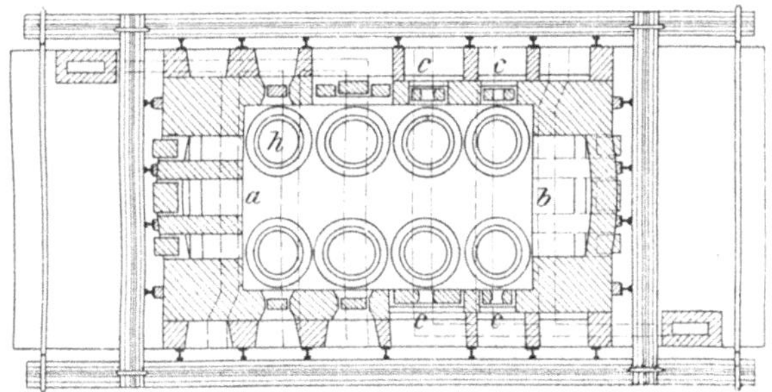

Abb. 56. Glasofen mit Generatorgasfeuerung.

Zur Vermeidung von Glasfärbungen werden Braunstein und Salpeter als sogenannte Glasseifen zugesetzt.

Zur Herstellung von Flaschen (Abb. 57) wird ein Glasklumpen mit der Pfeife, einem 1,5 m langen Eisenrohr, in die Holzform geblasen, der Hals mittels eines Wassertropfens abgesprengt und dann das Stück möglichst langsam im Kühlofen gekühlt, zwecks Vermeidung der Sprödigkeit.

Glasscheiben werden in der Weise hergestellt, daß man große Flaschen bläst, von diesen Hals und Boden abschneidet, den übrigbleibenden zylindrischen Teil der Länge nach aufschneidet und

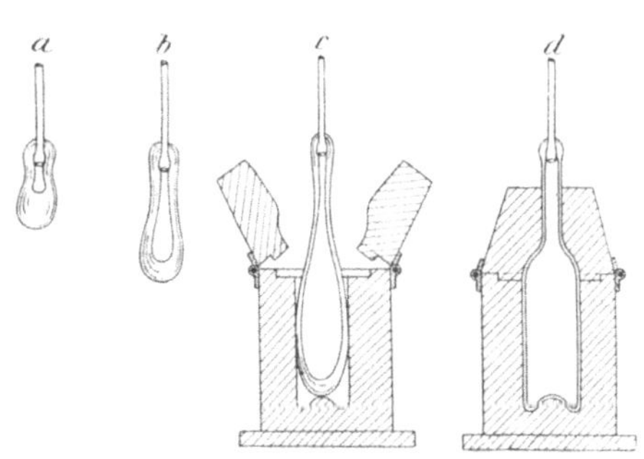

Abb. 57. Blasen von Glasflaschen.

in einem Streckofen unter Walzen in ebene Form bringt (Abb. 58). Spiegelglas gießt man unmittelbar aus dem Hafen in Bronzeformen. Die Masse wird dann ausgewalzt und nach dem Erkalten geschliffen (mit Polierrot, d. i. Eisenoxyd Fe_2O_3). Gute Glasscheiben müssen farblos und blasenfrei sein. Glasplatten zu Fußbodeneinlagen werden gegossen. Das Drahtglas enthält eine Drahtnetzeinlage, wodurch es fester und gegen Feuer widerstandsfähiger wird (Glasdächer, Schutz für Wasserstände). Hartglas wird durch Abschrecken des warmen Glases in Öl hergestellt; es ist gegen Stoß, Schlag und raschen Temperaturwechsel widerstandsfähig, zerspringt aber beim Ritzen. Bunte Scheiben werden aus Überfangglas hergestellt, indem man die farblose Scheibe in eine geschmolzene Glasmasse taucht (überfängt), die

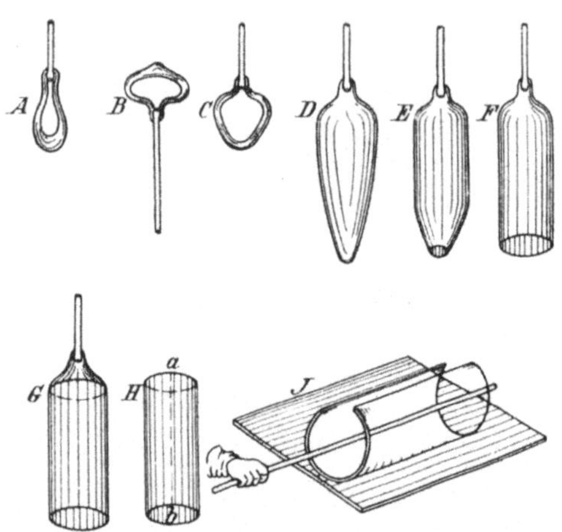

Abb. 58. Herstellung von Glasscheiben.

mit Metalloxyden gefärbt ist, z. B. grün mit Eisenoxydul, gelb mit Eisenoxyd usw. Das Ätzen des Glases erfolgt mit Flußsäure, das Mattieren gemusterter Scheiben mit dem Sandstrahlgebläse.

Die Herstellung von Glasstäben und -röhren geschieht durch Auseinanderziehen des noch warmen Glasklumpens ohne bzw. mit Blasen. — Wasserstandsgläser und chemische Gerätschaften müssen raschen Temperaturwechsel vertragen können. Sie werden deswegen aus sogenanntem Verbundglas hergestellt, das mit einer Glasmasse von größerem Ausdehnungskoeffizienten überzogen ist, wodurch die Spannungen beim Erhitzen ausgeglichen werden. — Zur Herstellung von einfachen Flaschen und von Glühlampenbirnen benutzt man jetzt Glasblasemaschinen. — Andere wichtige Erzeugnisse sind Akkumulatorengefäße und Glasziegel.

Die optischen Gläser erhalten durch Zusatz von Bleisalz ein erhöhtes Lichtbrechungsvermögen. Quarzglasgefäße, die bei etwa 2000° C aus reinem Quarz hergestellt werden, können jeden Temperaturwechsel aushalten (elektrische Quarzglaslampen).

2. Die Tonwaren.

Bei der Herstellung von Tonwaren (Keramik) benutzt man als Rohstoff die Tone[1] (Aluminiumsilikate), die je nach Reinheit, Kaolin oder Porzellanerde, Töpferton, Lehm oder Mergel genannt werden. Diese Rohmaterialien müssen erst durch mechanische Verfahren mög-

---

[1] Fetter Ton ist arm, magerer dagegen reich an Sand.

lichst gleichmäßig gemacht werden, dann knetet man sie mit Wasser zu einer bildsamen Masse an und bringt sie in die gewünschten Formen, die getrocknet und gebrannt werden. Die so erhaltenen Tonwaren unterscheidet man nach Beschaffenheit als Porzellan, Steinzeug, Steingut und Töpferwaren.

a) Porzellan. Die geformten und langsam getrockneten Gegenstände werden in besonderen Generatorgasöfen in Kapseln aus feuerfestem Ton (Schamotte) auf 1600° C erhitzt. Die Glasur wird in Form eines feinpulverigen Gemisches von Feldspat, Quarz und Kreide aufgetragen, das beim Schmelzen den Glasurüberzug bildet. Farbige Verzierungen werden durch feuerbeständige Metalloxyde hergestellt.

b) Steinzeug wird in ganz entsprechender Weise durch Brennen des betreffenden Rohstoffs auf 1400° C hergestellt. Im Gegensatz zum Porzellan ist es kaum durchscheinend; die Glasur erfolgt mit Kochsalz. Es wird vorwiegend im chemischen Großgewerbe für Säurebehälter, Kühlschlangen, ferner für Abwässerleitungsrohre und zu Fußbodenplatten gebraucht.

c) Steingut (Majolika, Fayence) bei 900° C gebrannt, gibt einen porösen Scherben (im Gegensatz zu Porzellan und Steinzeug) und wird mit Bleiglasur versehen.

d) Töpferwaren (Irdenes Geschirr) werden aus gewöhnlichem Ton mit Sandzusatz hergestellt und mit einer leichtflüssigen Glasur versehen.

Auch die Ziegelsteine gehören zu den Tonwaren (vgl. S. 94).

3. Die Bausteine.

a) Natürliche Bausteine. Die wichtigsten zum Bauen benutzten Gesteine sind folgende (die mineralischen Bestandteile stehen in Klammern dabei):

Granit (Feldspat, Quarz, Glimmer),
Syenit (Feldspat, Hornblende),
Diorit (Feldspat, Hornblende, Schwefelkies),
Diabas (Feldspat, Augit),
Gabbro (Labrador, Diallag),
Serpentin (verwandt mit Asbest),
Porphyr (Quarz, Feldspat),
Basalt (Augit, Feldspat, Magneteisenstein, vulkan. Ursprungs),
Gneis (verwandt mit Granit),
Quarzit (fast reiner Quarz),
Tonschiefer (Ton, Quarz),
Kalkstein (Kalziumkarbonat),
Dolomit (Kalzium-Magnesiumkarbonat),
Sandstein (Sand durch ein mineralisches Bindemittel verbunden)[1].

---

[1] Dem Sandstein verwandt ist der Ganister, der beim Bessemerstahlverfahren als saures Ofenfutter benutzt wird.

b) **Künstliche Bausteine.** Die gewöhnlichen Ziegel oder Backsteine werden aus dem Ziegelton hergestellt, der meist etwas

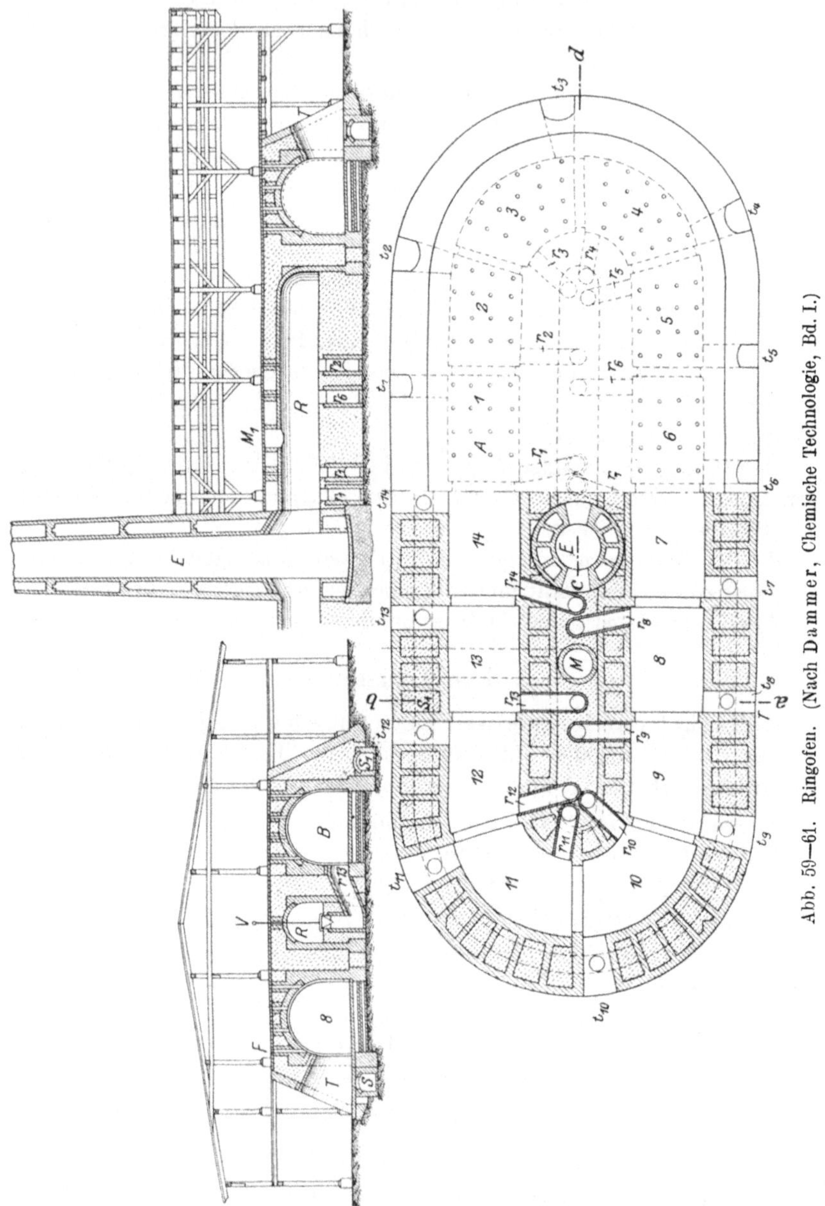

Abb. 59—61. Ringofen. (Nach Dammer, Chemische Technologie, Bd. I.)

Kalk, Sand und Eisenverbindungen enthält. Der sehr gleichmäßige Rohstoff wird entsprechend geformt (Pressen); Verblendsteine erfordern hierbei besondere Sorgfalt. — Dann erfolgt das Brennen im Hofmannschen Ringofen (Abb. 59—61), bei dem ein gewölbter, in 14 Kammern eingeteilter Kanal als Brennraum dient. Elf bis zwölf Kammern sind immer mit Steinen gefüllt, die übrigen werden neu gefüllt bzw. ausgeräumt oder stehen leer. Wird z. B. Kammer 1 ausgeräumt, so wird die benachbarte Kammer 14 neu gefüllt, während 7 im Vollfeuer steht. Zwischen den Kammern 13 und 14 befindet sich eine Papierscheidewand. Die für 7 erforderliche Luft, zur Unterhaltung der Verbrennung, tritt in der Kammer 1 ein, durchstreicht 2—6 und wird durch die Hitze der hier befindlichen fertig gebrannten Ziegel erwärmt. Infolgedessen gibt die geringe Menge Kohlen, die durch die Öffnungen in der Decke der Kammer 7 in diese eingeworfen werden, schon eine sehr heiße Flamme, die nun, durch die Kammern 8—13 streichend, ihre Hitze an noch nicht gebrannte Steine abgibt und dann ziehen die Verbrennungsgase durch die Esse ab. Sind die Steine in Kammer 7 gargebrannt, so kommt Kammer 8 in das Vollfeuer; gleichzeitig wird Kammer 2 ausgeräumt, Kammer 1 neu beschickt und die Papierwand zwischen 1 und 14 geschoben, so daß die Verbrennungsgase jetzt von hier aus in die Esse entweichen. Klinker sind sehr hartgebrannte, verglaste Steine; Tonrohre, Terrakotten, Blumentöpfe bestehen aus einer den Ziegeln sehr ähnlichen Masse.

Andere künstliche Bausteine sind z. B. die rheinischen Schwemmsteine, die im Neuwieder Becken aus vulkanischem Bimssand durch Mischung mit gelöschtem Kalk, Formen und Trocknen an der Luft hergestellt werden. Wegen ihres geringen Gewichtes benutzt man sie zu Zwischenwänden, Gewölben usw.

Die Schlackensteine erhält man aus der flüssigen Hochofenschlacke (vgl. Roheisen), indem man diese in Wasser fließen läßt und den so gebildeten Schlackensand mit Kalk bindet. Die auf diese Weise entstehenden Steine erhärten an der Luft schnell und finden ähnliche Verwendung wie Schwemmsteine.

Holzsteine (Xylolith) werden aus Sägespänen, Magnesiumoxyd und Magnesiumchloridlösung unter Druck hergestellt und zu Fußböden und Treppenstufen verwendet. — Korksteine erhält man aus Korkstückchen mit einem Bindemittel aus Kalk und Ton. Sie haben nur geringe Festigkeit und sind gegen Wasser empfindlich.

Zu den feuerfesten Baustoffen gehören die Dinassteine, Dolomit- und Schamottsteine.

Die Dinassteine werden aus Quarzsand mit etwas Kalk und Ton als Bindemittel geformt und stark gebrannt. Sie finden in Stahlschmelzöfen Verwendung.

Dolomitsteine erhält man durch Brennen des Dolomits, wobei $CaO + MgO$, also Kalzium- und Magnesiumoxyd zurückbleiben. Dieses Gemisch wird im Bessemerofen benutzt, da es feuerfest ist (vgl. S. 122).

Schamottsteine bestehen aus feuerfestem Ton, der mit bereits gebranntem, feuerfestem Ton gemischt und bei Weißglut gebrannt wird. Sie müssen entweder dichte oder mehr körnige Beschaffenheit haben. Als Schamottmörtel wird Schamottgrus verwendet.

4. Mörtel und Beton.

a) Der Luftmörtel oder Kalksandmörtel ist das meist gebrauchte Bindemittel für Bausteine. Als Rohstoff dient der Kalkstein, der, in Öfen gebrannt, in Kalziumoxyd (gebrannten Kalk) übergeht:

$$CaCO_3 = CaO + CO_2.$$

Abb. 62 zeigt einen Kalkofen für zeitweisen Betrieb. Es ist ein Schachtofen von Gestalt eines Hohlkegels, innen gewölbt. Durch die obere Öffnung h, die sogenannte Gicht, werden abwechselnd Schichten

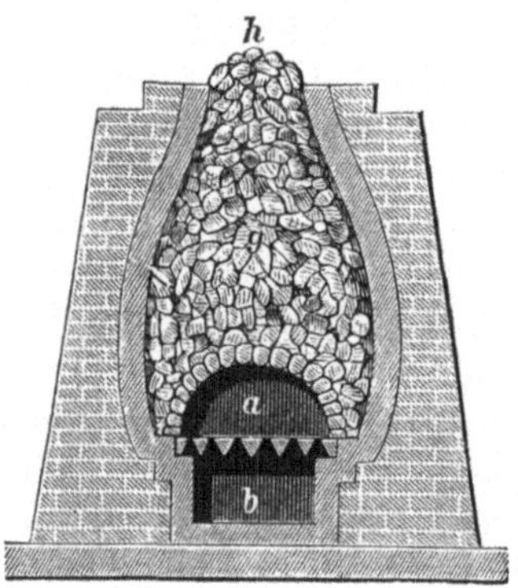
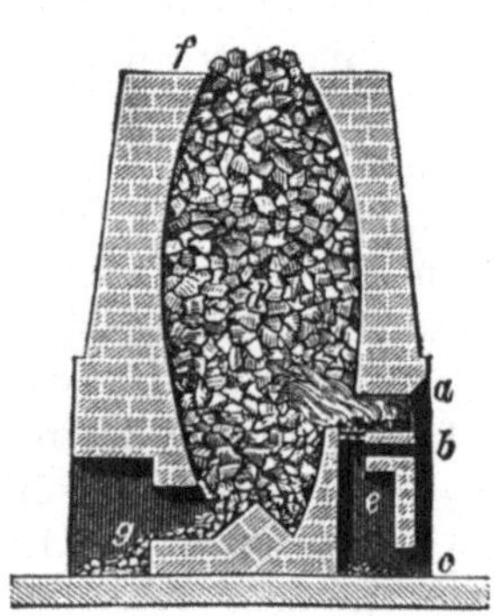

Abb. 62 und 63. Kalköfen.

von Kalkstein und Brennstoff (Steinkohle oder Holz) eingefüllt, nachdem die unterste Schicht a entzündet ist. Der Ofen brennt dann aus, kühlt ab und der gar gebrannte Kalk wird herausgenommen. — Beim Ofen für Dauerbetrieb (Abb. 63) tritt die Flamme bei a, b von der Seite in den Ofen; der gare Kalk wird unten bei g gezogen und oben bei f neuer Kalkstein nachgefüllt, so daß also keine Betriebsunterbrechung erforderlich wird. Der größte Ofen dieser Bauart, mit je drei Feuerungen und Ziehöffnungen und sechseckiger Form, wird Rüdersdorfer Kalkofen genannt. Auch Ringöfen sind neuerdings zum Kalkbrennen im Gebrauch.

Das Löschen des gebrannten Kalkes geschieht mit der dreifachen Menge Wasser, wobei eine starke Wärmeentwicklung erfolgt. Die Umsetzung ist

$$CaO + H_2O = Ca(OH)_2.$$

Dem entstehenden Kalkbrei wird wiederum die dreifache Menge Sand zugesetzt, der den Kalk nicht stofflich verändert, sondern nur auflockert, wodurch der Kalk nachher leichter das erforderliche Kohlendioxyd aus der Luft anzieht. Die Wirkungsweise des Kalkmörtels nach dem Vermauern beruht auf 2 Einzelvorgängen, nämlich dem Anziehen und dem Binden. Das Anziehen ist die Aufnahme von Kohlendioxyd aus der Luft unter Bildung von Kalziumkarbonat.

$$Ca(OH)_2 + CO_2 = CaCO_3 + H_2O.$$

Beim Binden tritt das Wasser allmählich aus dem entstandenen Kalziumkarbonat aus, das dadurch zu einer festen, steinharten Masse zwischen den Mauersteinen erstarrt und diese dadurch verbindet. Man kann das Anziehen und Binden dadurch in geschlossenen Räumen fördern, daß man Öfen mit Koks (Bienenkorböfen) aufstellt.

Der Nachteil des Kalkmörtels ist, daß die Erhärtung immer die Gegenwart von Kohlendioxyd erfordert und ziemlich langsam vor sich geht.

b) Wassermörtel. Es ist dies ein Bindemittel, das nicht die Gegenwart von Luft bzw. Kohlendioxyd erfordert, vielmehr auch unter Wasser erhärtet. Der durch Brennen kalkhaltiger Tone erzeugte Romanzement ist weniger gebräuchlich als der Portlandzement[1]. Letzterer wird aus 77,78% Kalkstein und 22,22% Ton hergestellt. Die Rohstoffe werden jeder für sich feinst gepulvert, dann im obigen Verhältnis miteinander gemischt, angefeuchtet und mittelst Ziegelpressen zu Steinen geformt, letztere getrocknet und in Ringöfen bis zur beginnenden Sinterung gebrannt. Die entstehenden Zementklinker werden in Mühlen verschiedener Bauart möglichst fein gemahlen.

Der so erhaltene Zement (Portlandzement) ist ein graugrünes Pulver von folgender mittlerer Zusammensetzung:

$$CaO \quad . \quad . \quad . \quad . \quad . \quad 62\%,$$
$$SiO_2 \quad . \quad . \quad . \quad . \quad 24\%,$$
$$MgO \quad . \quad . \quad . \quad . \quad 3\%,$$
$$Al_2O_3 + Fe_2O_3 \quad . \quad . \quad 11\%.$$

Der Zement zeigt die Eigenschaft, mit Wasser zu erstarren, wahrscheinlich entsteht dabei ein wasserhaltiges Aluminium-Kalziumsilikat. Diese Umsetzung nennen wir das „Abbinden des Zementes". Die Zeit des Bindens wird durch Gips verlängert, durch Anwendung heißen Wassers verkürzt (schnell und langsam bindender Zement). Im allgemeinen wirkt das langsamere Erhärten günstig auf die Festigkeit ein. Ist der Kalk- oder Magnesiagehalt des Zementes zu groß, so zeigt sich die Erscheinung des Treibens, starke Ausdehnungen, die die Veranlassung zu Rissen werden können. Diese Erscheinung darf nicht mit der Wärmeausdehnung des Zementes verwechselt werden. — Um bei Ufermauern einen Ausgleich für die durch die Wärme hervorgerufene Ausdehnung des Zementes zu erreichen, bringt man Schnittfugen an, die man mit einer federnden Masse, z. B. Asphalt, ausfüllt. Beim Gebrauch werden dem Zement 1—6 Teile Sand zugesetzt. Vielfach erhält der Zement einen Zusatz von Traß, einem am Mittelrhein vorkommenden

---

[1] Kurz »Zement« genannt.

vulkanischen Gestein, das ähnliche Eigenschaften wie der Zement selbst
hat, oder gemahlene Eisenschlacke (Eisenportlandzement).

Eine wichtige Anwendung findet der Zement als Beton, einem
Gemisch von einem Teil Zement, zwei Teilen Sand und drei bis
sechs Teilen Kies (unter Wasserzusatz). Das Gemisch erstarrt zu einer
sehr festen widerstandsfähigen Masse, die eine außerordentlich vielseitige Verwendung gefunden hat, z. B. zu Maschinenunterbauten,
Schornsteinen, Gewölben für Hoch- und Brückenbau, Kanälen, Schleusen,
Wehren, Trockendocks, Gas- und Wasserbehälter, Wassertürmen
u. a. m. — Große Bedeutung hat in neuester Zeit der Eisenbeton
erlangt, ein Beton mit Eiseneinlagen, Letztere haben große Zug-
festigkeit, Beton dagegen bedeutende Druckfestigkeit, was man bei
entsprechender Anordnung bautechnisch gut ausnutzen kann. Der Beton
schützt das Eisen vor Rost (vgl. S. 129). Anwendung vorwiegend im
Hochbau.

Schließlich wird der Zement auch zu Stuckarbeiten vielfach gebraucht. Dem gleichen Zwecke dient der Gips $CaSO_4 + 2H_2O$. Demselben wird durch Erwärmen 75 % seines Wassers entzogen (zu hoch
erhitzter Gips verliert sein ganzes Wasser, er ist totgebrannt und
kann nicht weiter verwendet werden). Der gebrannte Gips in Wasser
gebracht, erhärtet sehr rasch, indem er unter Wärmeentwicklung
wieder Wasser bindet. Hiervon macht man in der Praxis Anwendung,
indem man den mit Wasser angerührten Gips auf die Form gießt,
die übertragen werden soll. Sehr bald beginnt der Gips unter Temperaturerhöhung zu erstarren (Erhärtungsdauer etwa 1 Stunde). Die
sehr zerbrechlichen Gipsformen werden durch Tränkung mit flüssigem
Stearin haltbarer; auch Anrühren des gebrannten Gipses mit Leim-
wasser, Alaun- oder Boraxlösung wird empfohlen.

5. Das Holz.

Wie erwähnt, besteht das Holz im wesentlichen aus der Zellulose
$C_6H_{10}O_5$. Hierzu kommen noch die sehr verschieden zusammenge-
setzten Pflanzensäfte und deren Umsetzungsstoffe, wie Gerbstoff,
Harze usw. Im Querschnitt (Hirnschnitt) erscheinen die Jahresringe,
deren jeder aus dem Frühjahrs- und Herbstholz besteht; ersteres ist
weicher, lockerer und heller als letzteres. Die inneren, älteren Ringe
bilden das Kernholz, die äußeren das jüngere Splintholz. Der Schnitt
in der Stammrichtung ergibt das Langholz, der Schnitt senkrecht
hierzu Hirnholz. Im Durchschnitt schwankt der Wassergehalt des
Holzes zwischen 27—61 %. Die Farbe ist ebenfalls sehr verschieden,
von gelblichweiß bis tiefschwarz (Ebenholz). Laubholz hat infolge
seines Gerbsäuregehaltes einen säuerlichen, Nadelholz durch sein Harz
einen terpentinartigen Geruch. — Am härtesten ist das Pockholz, das
vielfach zu Lagern im Maschinenbau benutzt wird. Andere harte

Hölzer sind Eiche, Esche, Ulme, Buche. Halbharte Hölzer: Ahorn, Erle, Lärche, Kiefer, Birke, und weiche Hölzer: Fichte, Tanne, Linde, Pappel. Nach dem spezifischen Gewicht bezeichnet man als schwere Hölzer: Eiche, Esche, Buche, Pockholz, Pitchpine[1]), Erle, Lärche, Kiefer, Ulme. Als leichte Hölzer: Tanne, Fichte, Pappel, Linde. Der Kork, der aus dem Stamm der Korkeiche gewonnen wird (Spanien), findet wegen seiner Wasserdichtigkeit zur Herstellung von Stopfen Verwendung, wegen seines geringen spezifischen Gewichts zu Bojen, Schwimmgürteln und Rettungsboten und wegen seiner schlechten Wärmeleitung als Wärmeschutzmasse für Dampfleitungen. Endlich wird er wegen seiner Federkraft zu Unterbauten für Ambosse und Maschinen gebraucht (Verringerung der Erschütterung). Korkabfälle benutzt man zur Herstellung von Korksteinen und Linoleum[2]).

Das zu Bauzwecken benutzte Holz wird in der saftärmsten Zeit (Spätherbst) gefällt und entrindet, dann zweckmäßig mit Wasser ausgelaugt (Flößerei), um die Stoffe daraus zu entfernen, die nachher ein Faulen des Holzes veranlassen könnten. Das so vorbereitete Holz wird entweder an der Luft oder in besonderen erwärmten Kammern getrocknet, um das nachherige Schwinden zu vermeiden.

Zur Erzielung möglichst glatter Holzflächen werden dieselben nach dem Hobeln mit der Ziehklinge, einem scharfkantigen Stahlblech, abgezogen und mit Sandpapier oder Bimsstein, oft unter Zuhilfenahme von Öl oder Talg, geschliffen, Hochglanz erhält man durch die Wachs- oder Schellackpolitur. Erstere besteht in einer Behandlung mit Wachs und Terpentin (Bohnermasse), bei letzterer wird das Holz mit einer Lösung von Schellack in Spiritus behandelt. Die Beizen verleihen dem Holz eine andere Farbe, z. B. Salpetersäure gelb, Ammoniak braun. In vielen Fällen wird auch mit Ölfarben (in Leinöl) angestrichen, z. B. die Holzmodelle für die Gießerei. Dieselben müssen aus besonders trockenem Holz derartig zusammengefügt sein, daß sie sich weder verziehen noch merkbar schwinden. Da nun das Holz in seiner Faserrichtung am wenigsten schwindet, so muß mit dieser das Hauptmaß des Modells zusammenfallen.

Von besonderer Bedeutung ist der Schutz des Holzes gegen Feuer, Wurmfraß, Hausschwamm und Fäulnis. Gegen Feuer empfiehlt sich ein Anstrich mit Wasserglas und Kreide. Gegen Wurmfraß benutzt man Anstriche mit kochender Seifenlauge. Der Hausschwamm, eine Pilzbildung, bedingt durch Feuchtigkeit, wird hauptsächlich durch Teererzeugnisse beseitigt, ebenso durch Borsäure, Zinkchlorid u. a. m. Um Eisenbahnschwellen, Holzmaste usw. vor Fäulnis zu schützen, werden die gut ausgelaugten Hölzer erst mit Dampf behandelt, dann in Kesseln luftleer gepumpt und die leeren Holzporen mit Flüssigkeiten gefüllt,

---

[1]) Pitchpineholz dient zum Bau der Tröge für elektrolytische Verfahren.

[2]) Da während des Weltkrieges die Korkzufuhr unterbrochen war, so stellte man künstliche Flaschenstopfen aus Korkpulver mit einem Bindemittel her.

die die Fäulnis verhüten, wie Karbolineum und Lösungen von Chlorzink, Kupfervitriol, Eisenvitriol, Aluminiumsulfat, Sublimat u. a. m.

Die Zellulose ist auch der Rohstoff für die Herstellung von Papier und Schießbaumwolle.

Zur Papierbereitung wird das feinst zerkleinerte Holz (Holzschliff) in Druckkesseln mit Natronlauge bzw. saurem Kalziumsulfit gekocht, dann mit Chlorkalk in einem als Holländer bezeichneten Apparat gebleicht und der so erhaltene in Wasser feinverteilte Stoff mit einem zweiten gemischt, der aus Hadern und Lumpen (Baumwolle und Leinen) in ganz ähnlicher Weise gewonnen wird (dies war früher der einzige Rohstoff zur Papierbereitung). Der so enstehende Papierbrei wird auf der Papiermaschine weiter verarbeitet, in der er auf dem Maschinensieb, einem breiten Band ohne Ende aus Messingdrahtnetz, zur Papiermasse erstarrt, die dann, über Trocken- und Preßwalzen geführt, am Ende der Maschine angelangt, als breites Band auf einer Rolle aufläuft und dabei meistens schon durch entsprechend gestellte Messer auf gleiche Größe geschnitten wird. Das sogenannte Büttenpapier wird durch Hand mit Hilfe des Schöpfrahmens, in dem sich ein Sieb befindet, aus dem Papierbrei geschöpft (Prunkpapier). — Da eine nachträgliche Färbung des Papiers unmöglich ist, so müssen die Farbstoffe für Buntpapier schon dem Brei zugesetzt werden. Das Schreibpapier ist geleimt mit Hilfe der aus Kolophonium und Soda gebildeten Harzseife, nebst Zusatz von Aluminiumsulfat. Ungeleimt ist z. B. das Löschpapier. Ein gutes Zeichenpapier soll besonders fest und zähe sein und muß die Tusche leicht annehmen. — Das durchscheinende Pergament- oder Pauspapier erhält man aus ungeleimtem Papier durch Behandlung mit verdünnter Schwefelsäure. Die Pausleinewand wird aus weißem Baumwollbattist erhalten durch Behandlung mit Alaunlösung, sowie harzigen und öligen Stoffen. Ähnlich der Papierbereitung ist die Herstellung der Pappe.

Durch Behandlung von Zellulose mit einem Gemisch von Salpetersäure und Schwefelsäure entsteht die Schießbaumwolle, die zur Herstellung rauchlosen Pulvers, sowie als Torpedosprengstoff benutzt wird. Die sogenannten Sicherheitssprengstoffe, die in den Steinkohlengruben gegenüber Schwarzpulver und Dynamit bei Schlagwettern eine größere Sicherheit bieten, enthalten vielfach Schießbaumwolle, z. B. Karbonit, Donarit u. a. m. — Die Schießbaumwolle löst sich in Äther zu Kollodium (früher zur Herstellung von photographischen Platten benutzt), in Amylazetat zu Zaponlack (vgl. Rostschutzmittel). In Kampfer löst sich Schießbaumwolle zu Zelluloid auf, einer biegsamen, abwaschbaren, schwer zerbrechlichen Masse, die als Ersatz für Horn und Elfenbein dient, zur Herstellung von Kämmen, Rechenschieberteilungen, Messergriffen, Bildstöcken, Uhrkapseln, elektrischem Isolierstoff, Akkumulatorengefäßen, Wassermessern, photographischen Platten und Bildstreifen (Films) für Kinematographenapparate. Mit Rücksicht auf die große

Feuergefährlichkeit des Zelluloids ersetzt man es jetzt für viele Zwecke durch „Zellit“, einem von den Farbenfabriken vorm. Friedr. Bayer & Co. in Leverkusen a. Rh. aus der Zellulose dargestellten Stoff (sogenannte Azetylzellulose). Die verschiedenen Zellitsorten sind teilweise schwer, teilweise überhaupt nicht entzündlich. Die sehr dehnbaren und dabei vollkommen durchsichtigen Massen bieten auch für viele Zwecke einen Ersatz für Glas, Gelatine, Gummi, Leder usw. Besonders benutzt man Zellit statt der Seidenumspinnung bei elektrischen Leitungsdrähten und statt Zelluloid bei Lichtbildstreifen (geringere Feuersgefahr).

6. Leder und Leim.

Die tierische Haut besteht aus drei Schichten: der an der Innenseite gelegenen Unterhaut, der Lederhaut (Korium) und der Oberhaut (Epidermis). Die Lederhaut, die am dicksten ist, dient zur Herstellung des Leders; beim Eintrocknen der Fasern wird sie durch einen in ihr enthaltenen Eiweißstoff Koriin verkittet. Durch die Gerberei verhindert man, daß die Haut beim Trocknen ihre Geschmeidigkeit verliert. Vorwiegend benutzt man Rinder-, Ochsen-, Kuh- und Büffelhäute, die zunächst mit Kochsalz und Karbolsäure vor Fäulnis geschützt, aufgestapelt, dann tagelang mit Wasser gewaschen werden. Die Entfernung der Unter- und Oberhaut erfolgt durch Gärung bzw. Einwirkung von Kalkmilch; so vorbereitet werden die Häute gegerbt.

a) Loh- oder Rotgerberei. Die Häute werden abwechselnd mit Schichten des Gerbstoffs (Eichen-, Fichtenrinde oder Quebrachoholz) in Gruben gebracht und mit Wasser begossen (sogenannte Lohgruben). Das Verfahren muß mehrmals wiederholt werden.

b) Schnellgerberei. Die Häute werden in Gerbstofflösungen gehängt, wodurch die Einwirkung wesentlich schneller erfolgt.

c) Mineralgerberei. Statt der genannten Gerbstoffe verwendet man Aluminium- und Chromsalze.

d) Sämischgerberei. Es wird das Leder mit Tran und Pottaschelösung gegerbt, wobei das bekannte weiche Waschleder entsteht.

Das Leder für Treibriemen wird durch Loh- oder Chromgerberei hergestellt und mit einem Gemisch von Talg und Stearin eingefettet. Am geeignetsten für Treibriemen sind die Mittelrückenstücke der Haut junger Ochsen. Zusammengesetzte Riemen werden geleimt oder wohl auch durch Krallen und Knebel verbunden. Die Fleischseite der einfachen Riemen soll immer die Riemenscheibe berühren, weil dies den Beanspruchungsverhältnissen am besten entspricht. Die Riemen müssen häufig neu eingefettet werden. In Betriebsräumen, in denen viel Dampf und hohe Temperatur herrscht, sind Kamelhaar- und Baumwollriemen geeigneter[1]).

---

[1]) Die Lederstulpen für Dichtungen werden aus Chromleder hergestellt, das man mit Glyzerin oder Wasser aufgeweicht über Metall- oder Holzformen

Um aus den Knorpeln und Lederabfällen der Gerberei den Leim, eine Eiweißverbindung, zu gewinnen, behandelt man dieselben mit Kalkmilch, wodurch Fette und Fäulnisstoffe entfernt werden. Dann wird der Kalk herausgespült und der Rückstand in geschlossenen Gefäßen durch Einleiten von Wasserdampf gelöst, die Lösung eingedampft und in Formen zum Erstarren gebracht. Der so entstehende Lederleim ist besser als der Knochenleim, der aus den Knochen durch Einwirkung von Wasserdampf gewonnen und im übrigen genau wie Lederleim weiterverarbeitet wird. Die Güte des Leims erkennt man an dem Grade des Aufquellens im Wasser und seiner Klebkraft. Durch Leinölfirnis wird er wasserbeständig. Dem Leim für Treibriemen setzt man etwas Glyzerin und Kaliumbichromat zu. Flüssiger Leim ist ein von Fischen stammender Stoff (Hausenblase). Behandelt man Leim mit Schwefeldioxyd, so entsteht die Gelatine, die im Gegensatz zum Leim fast farblos ist (Hektographenmasse, photographische Platten). Mit Chromsalzen entsteht die Chromgelatine, die an belichteten Stellen wasserunlöslich wird. Anwendung zur Herstellung von Bildstöcken (Klischees).

Andere im gewerblichen Leben gebrauchte Klebmittel sind: Gummi arabicum, der Saft tropischer Bäume, in Wasser löslich, der als Klebmittel Verwendung findet, ähnlich wie Stärkekleister und Dextrin (Stärkegummi), zwei aus Kartoffelmehl durch Kochen mit Wasser gewonnenen Stoffen.

IX. Die metallischen Bau- und Gebrauchsstoffe.

A. Halbedle und edle Metalle.

1. Das Quecksilber.

Halbedle Metalle sind solche, die nur geringe chemische Verwandtschaft zum Sauerstoff haben, aber in einfachen Säuren (Salpetersäure) löslich sind, die Edelmetalle zeigen gleiches Verhalten gegen Sauerstoff, sind jedoch nur im Königswasser (vgl. S. 47) löslich. — Halbedel sind Quecksilber und Silber, Edelmetalle dagegen Gold, Platin, Iridium, Osmium, Palladium.

Das Quecksilber Hg findet sich im Zinnober HgS, Schwefelquecksilber (Spanien), aus dem es durch Rösten (Erhitzen unter Luftzutritt) gewonnen wird.

$$HgS + O_2 = Hg + SO_2.$$

preßt und trocknet. Rohhaut, ein aus Büffelhäuten erhaltenes Erzeugnis, ist zäher und dauerhafter, aber auch bedeutend teurer als Leder. — Rohhaut dient zur Dichtung hydraulischer Apparate, ferner zur Herstellung der Rohhautscheiben (durch Zusammenpressen unter hohem Druck), die sich dann genau wie eiserne Scheiben bearbeiten lassen, zur Anfertigung von Zahnrädern für möglichst geräuschlosen Gang (Rohhautritzel).

Der dem Röstofen entströmende Quecksilberdampf wird in Kammern oder Kühlröhren verflüssigt. Das so entstehende rohe Quecksilber, das noch etwas Kupfer, Blei, Zinn und Zink enthält (die dadurch gebildeten Quecksilberlegierungen, Amalgame genannt, scheiden sich in Form eines Häutchens auf dem Quecksilber aus), wird durch langsames Durchtropfen durch ein mit Salpetersäure gefülltes Rohr gereinigt (Abb. 64).

Das reine Quecksilber ist silberweiß glänzend; Schmelzpunkt — 39,5°, Siedepunkt + 357°, spezifisches Gewicht 13,595. — Es wird als Sperrflüssigkeit für Gase benutzt, die vom Wasser gelöst werden (Ammoniak), ferner zur Füllung von Thermometern, Barometern, Manometern und für die Quecksilberluftpumpe. In der Elektrotechnik dient es zu Kontakten; der Widerstand einer mit Quecksilber gefüllten Röhre von 106 cm Länge und 1 qmm Querschnitt ist bei 0° C gleich 1 Ohm. Jede Berührung des Quecksilbers mit Metallen muß vermieden werden, da es sich mit diesen sofort zu Amalganen legiert. — Zinnamalgam, das früher zu Spiegelbelägen diente, ist wegen der großen Giftigkeit des Quecksilbers (das gleiche gilt von seinen sämtlichen Verbindungen) durch Silber ersetzt worden. Goldamalgam dient zur Feuervergoldung. — Das Quecksilber tritt in seinen Verbindungen ein- und zweiwertig auf. $HgNO_3$ Merkuronitrat entsteht durch Einwirkung verdünnter, kalter Salpetersäure auf Quecksilber, Merkurinitrat $Hg(NO_3)_2$ dagegen bei Einwirkung heißer unverdünnter

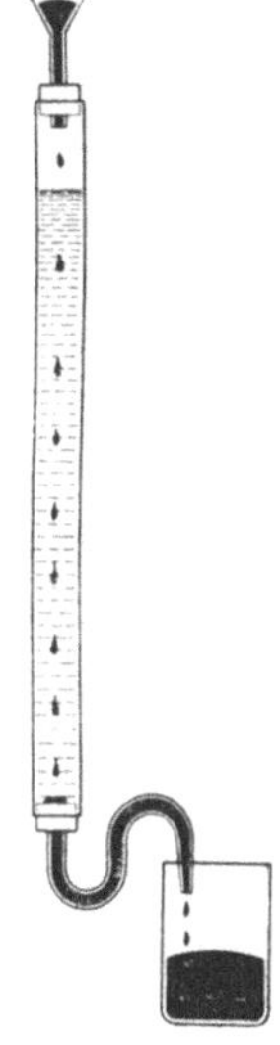

Abb. 64. Quecksilberreinigung.

Salpetersäure. Durch Einwirkung von Kochsalzlösung auf diese Salze entsteht Merkurochlorid Hg_2Cl_2 Kalomel bzw. Merkurichlorid $HgCl_2$ Sublimat (Holzschutzmittel gegen Fäulnis). Merkuronitrat mit Kalilauge gibt Quecksilberoxydul Hg_2O, ein schwarzes Pulver; Quecksilberoxyd HgO, ein rotes Pulver, entsteht dagegen, wenn man das Quecksilber lange an der Luft erhitzt. — Durch Einwirkung von Alkohol auf Merkurinitrat entsteht Knallquecksilber $C_2HgN_2O_2$, das zur Herstellung von Zündhütchen und Zündern bei Dynamit benutzt wird.

2. Das Silber.

Das Silber Ag findet sich, außer in den Bleierzen, vorwiegend in Form seiner Schwefelerze (Mexiko), aus denen es früher durch Amalgamation gewonnen wurde, d. h. durch Behandlung der Erze mit Quecksilber und Destillation des entstehenden Silberamalgams, wobei das Quecksilber verdampft und das Silber zurückbleibt. Man benutzt jetzt mehr das Zyanverfahren, bei dem das Erz mit Zyannatrium NaCN ausgelaugt und das entstehende Doppelsalz von Natrium-Silberzyanid AgCN + NaCN durch Zink (Affinitätswirkung) oder auf elektrolytischem Wege zersetzt wird. Die größten Mengen Silber werden aus dem Werkblei durch das Treibverfahren (vgl. S. 108) gewonnen. Das Silber hat eine rein weiße Farbe, spezifisches Gewicht 10,5, Schmelzpunkt 1000°. Es läßt sich gut bearbeiten, besonders außerordentlich fein auswalzen (Silbertressen); in Salpetersäure und unverdünnter Schwefelsäure ist es löslich, an der Luft gut haltbar, nur Schwefelwasserstoff greift es an (Schwarzfärbung). Als bester Leiter für Wärme und Elektrizität findet es bei Kalorimetern und elektrischen Meßinstrumenten eine vielseitige Verwendung. — Die deutschen Silbermünzen enthalten 900 Teile Silber auf 100 Teilen Kupfer, wir sagen der Feingehalt beträgt 900.

Das Silber tritt in seinen Salzen $AgNO_3$ und $AgCl$ usw. einwertig auf; am wichtigsten ist das Silbernitrat. — Die elektrolytische Versilberung erfolgt mit Hilfe des erwähnten Zyandoppelsalzes. Zur Herstellung der Silberspiegel auf Glas werden 4 g kristallisiertes Silbernitrat in einer Porzellanschale mit Ammoniak begossen, bis Lösung eintritt; dann fügt man 1 g Ammoniumsulfat hinzu und verdünnt mit 350 g destilliertem Wasser. Zu dieser Lösung fügt man, unmittelbar vor Gebrauch, die Auflösung von 1,2 g Traubenzucker (dieser wirkt reduzierend) in 350 g destilliertem Wasser, dem noch 3 g Ätzkali zugesetzt sind. Schüttet man das so erhaltene Gemisch auf eine vorher gut gereinigte Glasplatte, so scheidet sich auf dieser der Silberspiegel aus, den man vor Zerstörungen dadurch schützt, daß man die Rückseite mit einer Lösung von Harz überzieht.

Chlor-, Brom- und Jodsilber sind, wie erwähnt, lichtempfindlich und finden deswegen in der Photographie eine ausgedehnte Anwendung.

Die photographische Platte enthält meistens das Bromsilber in einer Gelatineschicht fein verteilt. Bei der Belichtung in dem photographischen Apparat wird nun das Silberbromid $AgBr$ in Silberbromür Ag_2Br verwandelt:

$$2\,AgBr = Ag_2Br + Br.$$

An den belichteten Stellen bilden sich, je nach Grad der Belichtung, mehr oder weniger Moleküle Silberbromür. — Die chemische Behandlung der Platte besteht nun im Entwickeln und Fixieren (Dunkelkammerverfahren).

Das Entwickeln beruht darauf, das entstandene Silberbromür in metallisches Silber überzuführen (reduzieren). Man kann hierzu das Eisen-Kaliumdoppelsalz der Oxalsäure $H_2C_2O_4$ benutzen. Dieselbe findet sich im Sauerklee und Sauerampfer; ihre Salze nennt man Oxalate. Da Kaliumoxalat, auch Kleesalz genannt, dient zum Entfernen von Tintenflecken. Das erwähnte Kalium-Eisendoppelsalz, Kaliumferrooxalat $K_2Fe(C_2O_4)_2$ reduziert die photographische Platte, indem es sich selbst in Kaliumferrioxalat $K_3Fe(C_2O_4)_3$ verwandelt:

$$3\,K_2Fe(C_2O_4)_2 + 3\,Ag_2Br = 2\,K_3Fe(C_2O_4)_3 + FeBr_3 + 6\,Ag$$

Kaliumferrooxalat + Silberbromür = Kaliumferrioxalat + Eisenbromid + Silber.

Das metallische Silber scheidet sich als schwarze Masse auf der Platte aus, und zwar um so dichter, je stärker die betreffende Stelle belichtet ist. — Die nach dem Entwickeln gut gewaschene Platte wird dann fixiert, d. h. von dem unzersetzten, lichtempfindlichen Silberbromid befreit, durch Behandlung mit einer Lösung von Natriumthiosulfat $Na_2S_2O_3$:

$$AgBr \; + \; Na_2S_2O_3 \; = \; NaBr \; + \; NaAgS_2O_3$$

Silberbromid + Natriumthiosulfat = Natriumbromid + Natrium-Silberthiosulfat.

Nach gründlichem Waschen und Trocknen der Platte ist das negative Bild, das sogenannte Negativ, fertig. Zur Herstellung des positiven Bildes wird ein mit Silberchlorid überzogenes Papier unter dem Negativ im Kopierrahmen belichtet und macht nachher eine entprechende chemische Umwandlung durch, wie das Negativ. Beim letzteren sind die belichteten Stellen also dunkel, beim Positiv dagegen hell.

Zur Herstellung von Druckbildern wird der betreffende Gegenstand, wie erwähnt, mit Chromgelatineplatten aufgenommen, deren belichtete Teile wasserunlöslich werden. Die beim Auswaschen entstehende, erhabene Schicht wird auf Gips übertragen, letzterer mit Graphit eingerieben, um ihn elektrisch leitend zu machen, und dann als Kathode in ein galvanisches Bad gehängt, dessen Elektrolyt aus Kupfervitriol besteht und die Anode aus reinem Kupfer. Beim Durchleiten des Stromes schlägt sich das Kupfer auf der Gipsform nieder, und so entsteht das Klischee (Bildstock), das, zur Erhöhung der Festigkeit noch häufig vernickelt, zum Drucken gebraucht wird.

3. Das Gold.

Das Gold Au, das sich fast nur gediegen findet (Südafrika, Kalifornien), wird ähnlich wie das Silber teils durch Amalgamation, teils durch das Zyanlaugeverfahren gewonnen als gelbes, sehr dehnbares Metall (Goldtressen), das sowohl mit Silber (gelb) als auch mit Kupfer (rötlich) legiert wird. Unsere Goldmünzen enthalten 900 Teile Gold und 100 Teile Kupfer. Der Schmelzpunkt des Goldes liegt bei 1050°, sein spezifisches Gewicht ist 19,3. Wegen seiner guten Haltbarkeit an der Luft dient es zu Überzügen auf andere Metalle (Blitzableiter, Kuppeln). Neben der elektrolytischen Vergoldung mittelst seines Zyandoppelsalzes, ist auch die Feuervergoldung gebräuchlich, bei der das betreffende Metall mit Goldamalgam überzogen und erhitzt wird. Hierbei verdampft das Quecksilber, und das zurückbleibende Gold bildet eine regelmäßige deckende Schicht auf dem unedlen Metall. Bei Auflösung von Gold in Königswasser entsteht Goldchlorid $AuCl_3$. Das Gold ist also dreiwertig.

4. Das Platin.

Das Platin Pt und die ihm verwandten Metalle Iridium Ir, Osmium Os und Palladium Pd finden sich gediegen (Ural). Das

Rohplatin wird in Königswasser gelöst, wobei Platinchlorid $PtCl_4$ entsteht (also ist Platin vierwertig). Beim Glühen des Platinchlorids bildet sich fein verteiltes Platin, der sogenannte Platinschwamm, der, wie früher erwähnt, Gase aufsaugt (Feuerzeug, Kontaktmasse für Schwefelsäuregewinnung); dieser wird in der Hitze in feuerfesten Tiegeln im Knallgasgebläse geschmolzen, in Barren oder Platten gegossen und letztere zu Blechen oder Drähten ausgewalzt (bis zu außerordentlicher Feinheit).

Das Platin ist ein weißes Metall von großer Widerstandsfähigkeit gegen atmosphärische Einflüsse und Säuren, weswegen es im chemischen Großgewerbe viel verwendet wird, z. B. für Platinretorten zum Eindampfen von Schwefelsäure, ferner zu Blitzableiterspitzen. Dagegen wird Platin von Schwefel, Phosphor, Kohle und Silizium bei höherer Temperatur angegriffen, ebenso legiert es sich leicht mit anderen Metallen. — Die Elektrotechnik verwendet das Platin bei den Glühlampen, um die Leitung durch das Glas hindurch zu ermöglichen, was mit keinem anderen Metall möglich wäre, da nur das Platin einen Ausdehnungskoeffizienten besitzt, der ein Einschmelzen in Glas zuläßt. Auch zu Elektroden benutzt man das Platin und zu elektrischen Kontakten (Leitfähigkeit 0,08 von der des Silbers). — Die anderen dem Platin verwandten Metalle werden ganz ähnlich wie dieses gewonnen. Iridium wird zu vielen Zwecken mit Platin legiert[1]). Iridiumtiegel gebraucht man bei der Herstellung des Quarzglases. Osmium findet bei gewissen elektrischen Glühlampen (vgl. S. 110) Verwendung. Palladium ist ein sehr gutes Aufsaugungsmittel für Gase. Tränkt man Fließpapier mit der Lösung eines Palladiumsalzes, so kann man das erhaltene Palladiumpapier zum Nachweis von Kohlenoxyd verwenden, weil letzteres als gutes Reduktionsmittel das betreffende Salz zersetzt und schwarzes Palladium auf dem Papier ausscheidet.

Schmelzpunkte und spezifische Gewichte der Platinmetalle.

Metall	Schmelz-punkt	Spezifisches Gewicht
Platin . . .	1775°	21,5
Iridium . .	2000°	22,4
Osmium . .	2500°	22,5
Palladium .	1435°	11,5

B. Unedle Metalle, mit Ausnahme des Eisens.

1. Das Aluminium.

Aluminium Al (dreiwertig) ist das verbreitetste Metall, es nimmt zu etwa 8 % am Aufbau der Erde teil. Es findet sich in allen Tonen und in den meisten Gesteinen, als Bauxit $Fe_4(Al_2O_5)_3$, ferner in Form

---

[1]) Das Normalmetermaß in Paris besteht aus 90% Platin und 10% Iridium.

des Oxyds Al_2O_3 (Tonerde) unter dem Namen Schmirgel[1]), Rubin, Saphir (Edelstein) und im Kryolith Na_3AlF_6. Zur Gewinnung des Aluminiums wird gereinigter Bauxit in Aluminiumoxyd Al_2O_3 übergeführt und dieses in den elektrischen Ofen von Hall-Héroult gebracht. Letzterer besteht (Abb. 65) aus dem eisernen Kasten K, der mit Kohlenmasse N ausgefüttert ist, und dient als Kathode, das Kohlenbündel P als Anode; dasselbe kann beliebig tief eingesenkt werden. Bei A wird das erhaltene Metall abgestochen. Bei dem Verfahren vereinigt sich der Sauerstoff des Rohstoffs mit dem Kohlenstoff der Anode.

Das Aluminium ist ein weißes, stark dehnbares Metall (sehr dünne Bleche und Drähte), das sich an der Luft gut hält, nachdem es sich mit einer dünnen, die darunter liegenden Teile schützenden Oxydschicht überzieht. Spezi-

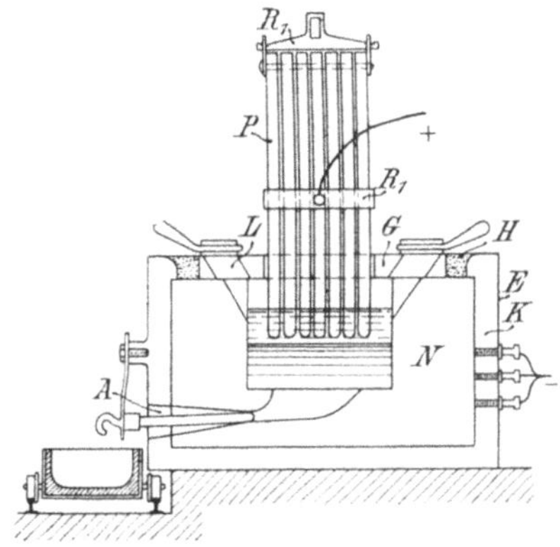

Abb. 65. Hall-Héroultofen.

fisches Gewicht 2,6, Schmelzpunkt 658°. Dicke Stücke oxydieren beim Erwärmen nur allmählich, dünne Aluminiumblättchen dagegen verbrennen mit blendend weißem Licht zum Oxyd. In Säuren ist es besonders beim Kochen löslich. Man gebraucht das Aluminium zu folgenden Zwecken:

a) wegen seiner Leichtigkeit zum Bau von Lenkluftschiffen (Zeppelin), für die Gehäuse von Luftschiff- und Kraftwagenmotoren, für Heeresausrüstungsstücke und zerlegbare Boote für den Tropendienst. Wegen seiner geringen Festigkeit ist seine Anwendung zu Bauzwecken eine sehr beschränkte;

b) wegen seiner hohen Verbrennungswärme von 7200 WE. zum Thermitschweißverfahren (vgl. S. 138);

c) zur Herstellung der Legierungen Magnalium und Aluminiumbronze;

d) als Stahlzusatz (vgl. S. 122);

e) als Ersatz des Kupfers für elektrische Leitungszwecke während des Weltkrieges.

2. Arsen, Antimon und Wismut.

Arsen As und Antimon Sb sind zwei vielfach zu Legierungen verwandte Metalle, die sich in der Natur in Form ihrer Schwefelerze finden, und zwar Arsen im Arsenkies und Realgar, Antimon im Grauspießglanzerz. Erwärmt man Arsenkies unter Luftabschluß, so

---

[1]) Korund.

entsteht das metallische Arsen als grauschwarze Masse, sehr giftig, spezifisches Gewicht 5,73. Erhitzt man dagegen unter Luftzutritt, so entsteht das Arsentrioxyd As_2O_3 oder Arsenik, als weißes, sehr giftiges Pulver. — Antimon erhalten wir durch Rösten des Grauspießglanzerzes und Reduktion des gebildeten Oxydes Sb_2O_3 mit Kohle. Es ist ein glänzendes, bläulichweißes Metall, an der Luft gut haltbar, spezifisches Gewicht 6,7, Schmelzpunkt 625°. Sein zum Rotfärben des Kautschuks und zur Herstellung der Zündhölzer gebrauchtes Sulfid ist Sb_2S_3 Schwefelantimon. In Königswasser löst sich Antimon zu $SbCl_3$ Antimonchlorid. Der zur Elektrolyse benutzte Brechweinstein ist Kalium-Antimontartrat (Salz der Weinsäure, Kaliumtartrat ist der in Weinfässern entstehende Weinstein). Arsen und Antimon (drei- und fünfwertig) werden zu elektrolytischen Metallfärbungen gebraucht.

Ein zur Arsen- und Antimongruppe gehöriges Metall ist auch das Wismut Bi, das meist gediegen vorkommt. Es ist von grauer, etwas rötlich schimmernder Farbe, stark glänzend, spröde, guter Elektrizitäts-, aber schlechter Wärmeleiter, spezifisches Gewicht 9,8, Schmelzpunkt 270°. Es findet bei Thermoelementen und zur Herstellung von Legierungen Verwendung. Beim Erstarren dehnt es sich stark aus. Es ist drei- und fünfwertig.

3. Das Blei.

Das Blei Pb findet sich hauptsächlich im Bleiglanz PbS, der beim Rösten im Flammofen (Abb. 66) in Bleioxyd PbO übergeht:

$$PbS + 3O = PbO + SO_2.$$

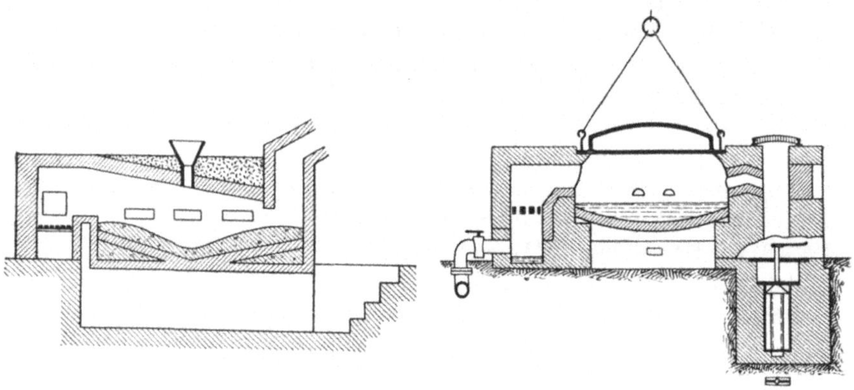

Abb. 66. Flammofen zur Bleigewinnung.   Abb. 67. Treibherd.

Das Bleioxyd (Bleiglätte) mit einer neuen Menge Bleiglanz erhitzt, bildet metallisches Blei:

$$PbS + 2PbO = 2Pb + SO_2.$$

Das so entstandene Roh- oder Werkblei wird in das Rein- oder Weichblei durch Oxydation mittelst Gebläsefeuers im Treibherd (Abb. 67) übergeführt. Hierbei fließt die entstehende Bleiglätte durch eine besondere Rinne ab, und das Silber bleibt zurück (mitunter auch Gold). Durch neues Erhitzen mit Kohle wird dann die Bleiglätte zu metallischem Blei (Frischblei) reduziert.

Das Blei ist ein blaugraues, glänzendes, sehr giftiges Metall, zwei- und vierwertig, Schmelzpunkt 327°, spezifisches Gewicht 11,34; es ist so weich, daß es im kalten Zustand zu Platten gewalzt und zu Röhren gepreßt werden kann. Wasserleitungsröhren aus Blei müssen (wegen dessen Giftigkeit) innen verzinnt werden. Sonst braucht man es, außer zu Legierungen, zu Blechen (Dächer) und Drähten, namentlich im chemischen Großgewerbe, für Akkumulatoren, als Schutzhülle für elektrische Kabel, zu Befestigungen von Schrauben und Eisenstäben in Stein und zu Rohrdichtungen.

In Salpetersäure und Essigsäure ist das Blei leicht löslich, Schwefelsäure dagegen greift es nur in unverdünnter Form an (vgl. Bleikammerverfahren zur Schwefelsäuregewinnung). An der Luft überzieht es sich mit einer Schicht von grauem, basischem Bleikarbonat, das das darunter liegende Metall vor der zerstörenden Einwirkung der Luft schützt.

Das Blei bildet drei Oxyde, nämlich:

PbO Bleioxyd oder Bleiglätte, ein rötlichgelbes Pulver, das zu Kitten und Glasuren gebraucht wird;

Pb_3O_4 Bleioxydoxydul oder Mennige, ein rotes Pulver, das als Anstrichfarbe und zum Rostschutz benutzt wird, sowie zur Dichtung von Gewinden;

PbO_2 Bleisuperoxyd, ein braunes Pulver, das beim Akkumulator Verwendung findet.

Der Vorgang beim Akkumulator ist folgender: Zunächst stehen die beiden Bleiplatten (Elektroden) in der verdünnten Schwefelsäure (spezifisches Gewicht 1,18), wodurch sich Bleisulfat $PbSO_4$ auf den Platten bildet. Nach der Annahme von Liebenow wird beim Laden das Bleisulfat zersetzt, es entstehen Schwefelsäure- und Bleiionen sowie unter Mitwirkung des Wassers Bleisuperoxyd- und Wasserstoffionen, die sich wie folgt umsetzen:

a) Anode (braune Platte) : $PbSO_4 + 2\,H_2O + SO_4 = PbO_2 + 2\,H_2SO_4$.

b) Kathode (graue Platte): $PbSO_4 + H_2 \quad + \quad = Pb \quad + H_2SO_4$.

Beim Entladen wird wieder Bleisulfat an beiden Platten gebildet:

a) Anode (braune Platte) : $PbO_2 + H_2SO_4 + H_2 = PbSO_4 + 2\,H_2O$,

b) Kathode (graue Platte): $Pb \quad + \quad SO_4 \quad = PbSO_4$.

Statt erst durch häufiges Formieren (Laden) an der Anode PbO_2 zu erzeugen, stellt man letztere besser aus einem Gitter her, dessen Zwischenräume mit PbO_2 gefüllt werden (alles Nähere vgl. elektrotechnische Lehrbücher).

Von den Bleiverbindungen haben einige als Farbstoffe Bedeutung, namentlich das basische Bleikarbonat $2\,PbCO_3 + Pb(OH)_2$, als Bleiweiß, das durch Auflösen von Bleiglätte in Essigsäure und Zersetzung des gebildeten Azetates mit Kohlendioxyd entsteht. Es ist eine ausgezeichnete Deckfarbe, die aber sehr giftig ist, weswegen man versucht, sie durch weniger schädliche Anstrichfarben zu ersetzen, was aber bisher noch nicht in ganz befriedigender Weise gelungen ist. — Bleichromat, das aus Bleiazetat und Kaliumchromat entsteht, $PbCrO_4$, ist eine als Chromgelb viel benutzte Farbe.

4. Das Chrom.

Aus dem Chromeisenstein $FeCr_2O_4$ gewinnt man das metallische Chrom Cr, indem man das Erz mit Soda röstet, dann auslaugt und mit Schwefelsäure behandelt, wodurch das Natriumbichromat $Na_2Cr_2O_7$ entsteht, das ebenso wie das entsprechende Kaliumsalz ein gutes Oxydationsmittel ist (Verwendung beim Chromsäureelement, zur Ledergerberei und zur Herstellung der Chromgelatine). Das Natriumbichromat wird durch Schmelzen mit Schwefel in Chromoxyd Cr_2O_3 übergeführt und letzteres mit Kohle oder im elektrischen Ofen von Borchers oder mittelst des Aluminiums (vgl. Thermitverfahren) in das metallische Chrom verwandelt, ein weißes, sehr stark glänzendes Metall, spezifisches Gewicht 7, das gegen Luft und chemische Einflüsse beinahe so widerstandsfähig wie die Edelmetalle ist. Man setzt es entweder rein oder in Form von Ferrochrom (Eisenchromlegierung) dem Eisen zu, dessen Härte dadurch bedeutend erhöht wird. Ferrochrom kann man auch mittelbar aus dem Chromeisenstein darstellen, indem man dieses Erz mit Holzkohle, Kolophonium, Glasscherben und Quarzsand gemischt in feuerfesten Tiegeln im Generatorofen erhitzt; durch die eintretende Reduktion entsteht dann Ferrochrom. Dem Chrom verwandte Elemente sind Wolfram W und Molybdän Mo, die aus ihren Erzen durch ähnliche Verfahren gewonnen, ebenfalls dem Stahl zur Erhöhung der Härte zugesetzt werden. Molybdän ist ein weißes, sprödes, an der Luft gut haltbares Metall vom spezifischen Gewicht 9. Das Wolfram ist grau, ebenfalls an der Luft gut haltbar, vom spezifischen Gewicht 19,1. Das wolframsaure Natrium Na_2WO_4 findet zur Behandlung von Geweben Verwendung, um dieselben vor dem Entflammen zu schützen. Neuerdings werden beide Metalle für sich allein oder in Verbindung miteinander oder auch mit Osmium bei gewissen elektrischen Glühlampen benutzt (Sirius-, Wolfram-, Osramlampe), und zwar wird das pulverige Metall mit einem Bindemittel zu Fäden gepreßt, diese getrocknet und nach einer im einzelnen verschiedenen Vorbereitung in der Glühlampe befestigt. Andererseits findet auch das Tantal Ta zu Glühlampen Verwendung, ein über 2000^0 schmelzendes Metall, das aus seinen Verbindungen im elektrischen Ofen gewonnen und zu feinen Drähten ausgewalzt wird, die man in der Glühlampe benutzt. Es zeigt eine dunkelgraue Farbe, spezifisches Gewicht 17, auch besitzt es große Härte und Festigkeit.

Dem Eisen werden Molybdän, Wolfram und das bereits früher erwähnte Cer meist in Form von Legierungen (Ferrowolfram) zugesetzt, auch das Metall Mangan Mn (Vorkommen als Braunstein MnO_2) findet die gleiche Verwendung (Ferromangan). Reines Mangan erhält man aus Braunstein durch Reduktion mit Aluminium (vgl. Thermitverfahren). Die bekannteste Manganverbindung, $KMnO_4$ übermangansaures Kalium oder Kaliumpermanganat, entsteht beim Zusammenschmelzen von Braunstein und Ätzkali, als rotes, in Wasser leicht lösliches Salz von starker Oxydationswirkung.

5. Das Kupfer.

Das Kupfer Cu wird aus dem Kupferkies $CuFeS_2$ durch wiederholtes Rösten gewonnen und nachheriger Reduktion der entstandenen Sauerstoffverbindung mit Kohle. Das so erhaltene Rohkupfer wird elektrolytisch gereinigt, durch Einhängen als Anode in ein elektrolytisches Bad von Kupfervitriollösung; an der kupfernen Kathode schlägt sich dann das reine Kupfer nieder.

Das Kupfer hat rote Farbe und zeigt starken Metallglanz, spezifisches Gewicht 8,9, Schmelzpunkt 1080°. Es ist sehr zähe und läßt sich schlecht gießen, dagegen gut schmieden, schweißen und walzen. Da es, nächst dem Silber, der beste Leiter für Wärme und ·Elektrizität ist, so findet es vorwiegend bei Heizungsanlagen und in der Elektrotechnik Verwendung[1]. — An der Luft überzieht es sich mit einer die darunter liegenden Metallteile schützenden Schicht von basisch kohlensaurem Kupfer $CuCO_3 + Cu(OH)_2$, der sogenannten Patina: fälschlich auch als Grünspan bezeichnet, d. i. basisch essigsaures Kupfer. Alle Kupferverbindungen sind giftig; Kupfergeschirre werden daher innen verzinnt (vgl. S. 133). Im einzelnen findet das Kupfer folgende Verwendungen: zu Legierungen (in allen Münzen), Dacheindeckungen, Schiffsbeschlägen, Druckwalzen, Kunstschmiedearbeiten, Kesseln, Destillierblasen, Feuerbüchsen für Lokomotiven, elektrischen Leitungsdrähten, für viele Einzelteile von Dynamos und Elektromotoren, in der Galvanoplastik, insbesondere zur Herstellung von Klischees. Wegen seiner äußerst glatten Oberfläche gebraucht man das Kupfer bei der Herstellung des Schießpulvers, z. B. für die Kugeln in den Mischtrommeln (Vermeidung der Entzündungsgefahr, die durch die Reibung bei Verwendung von Stahlkugeln bedingt ist).

Das Kupfer ist ein- und zweiwertig. Beim Erhitzen überzieht es sich mit einer schwarzen Schicht von Kupferoxyd CuO (Kupferhammerschlag genannt, nach seiner Entstehung in der Werkstätte). Zunächst

---

[1] Während des Weltkrieges benutzte man zu elektrischen Leitungszwecken vielfach das Aluminium statt des Kupfers.

bildet sich beim Erwärmen das rote Kupferoxydul Cu_2O, das beim weiteren Erhitzen in das Oxyd übergeht.

Das Kupfer ist in Säuren leicht löslich, mit Ausnahme von chemisch reiner Salzsäure. Zum Beizen des Kupfers, das entweder als solches in den Handel gebracht oder mit einem anderen Metall galvanisch überzogen werden soll, dient 10 %ige Schwefelsäure. Es folgt dann die sogenannte Gelbbrenne, d. h. die Gegenstände werden mit einem Gemisch von einem Teil Schwefelsäure und zwei Teilen Salpetersäure (beide unverdünnt), mit einem geringen Zusatz von Kochsalz und Ruß behandelt, darauf mit Wasser gespült und in Sägemehl getrocknet. — Zur elektrolytischen Verkupferung gebraucht man Kupferazetat.

6. Das Magnesium.

Das Magnesium Mg findet sich im Magnesit $MgCO_3$ und Dolomit $CaCO_3 + MgCO_3$. Beide geben beim Erhitzen ihr Kohlendioxyd ab, so daß die Oxyde zurückbleiben, die als Magnesit- und Dolomitsteine Verwendung finden. Das Magnesiumoxyd MgO, gebrannte Magnesia, wird außerdem noch bei den Nernstlampen, sowie als ringförmiger Halter für das hängende Gasglühlicht benutzt. — Aus dem Oxyd bzw. dem Karbonat des Magnesiums entsteht durch Einwirkung von Salzsäure das Magnesiumchlorid $MgCl_2$, und wenn man dieses im geschmolzenen Zustand elektrolytisch zersetzt, so erhält man das Magnesium, ein Metall von silberweißer Farbe, spezifisches Gewicht 1,75, Schmelzpunkt 800°, an der Luft gut haltbar. Es wird zu einigen Legierungen gebraucht, sowie in Band- oder Pulverform zum Blitzlicht (Bildung von MgO). Es zersetzt das siedende Wasser unter Entwicklung von Wasserstoff. Das Magnesium ist zweiwertig.

7. Das Nickel.

Das Nickel Ni wird durch Rösten des Kupfernickels NiAs gewonnen (das Erz zeigt Kupferfarbe). Das hierbei zunächst entstehende Oxyd wird in Säuren gelöst und dann das Metall elektrolytisch ausgeschieden. — Das Nickel ist silberweiß, an der Luft gut haltbar, spezifisches Gewicht 8,9, Schmelzpunkt 1500° und läßt sich gut schmieden, walzen und schweißen. Es besitzt ähnliche magnetische Eigenschaften wie das Eisen. — Das Nickel dient zur Herstellung sehr dauerhafter Kochgeschirre, zum Zusatz bei gewissen Stahlsorten (Panzerplatten) und zum Überziehen anderer an der Luft unbeständiger Metalle (elektrische Vernickelung oder Nickelplattierung)[1]. Das zur elektrischen Vernickelung meist gebrauchte Nickelsalz ist das Nickelammoniumsulfat $Ni(NH_4)_2(SO_4)_2$. Des weiteren gebraucht man das Nickel noch zu verschiedenen Legierungen. — Ein dem Nickel verwandtes Metall ist das Kobalt Co, das ähnlich gewonnen, ebenso wie

---

[1] Auch zur Herstellung von Münzen.

das Nickel zum Überziehen von Kupferklischees gebraucht wird, um diese härter zu machen. Das Nickel ist zwei- und vierwertig. Es löst sich leicht in Salpetersäure, dagegen schwer in Salz- und Schwefelsäure.

8. Das Zink.

Das Zink Zn findet sich in der Zinkblende ZnS und im Galmei $ZnCO_3$. Beide Erze werden erst durch Rösten in Zinkoxyd ZnO verwandelt, ein weißes Pulver, das unter dem Namen Zinkweiß als Anstrichfarbe (ungiftig) dient. Erhitzt man das Zinkoxyd in Tongefäßen (Muffeln) unter Luftabschluß, so destilliert das metallische Zink in die tönerne Vorlage über. Eine Zinkmuffel zeigt Abb. 68.

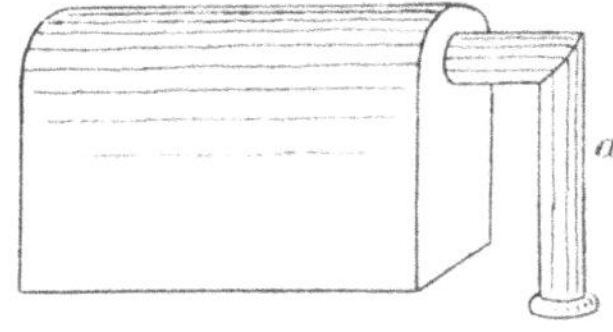
Abb. 68. Zinkmuffel.

Das Zink ist ein graues Metall, zweiwertig, in Säuren leicht löslich, spezifisches Gewicht 7,2, das bei 412° schmilzt. Zwischen 100—150° läßt es sich gut walzen (Zinkbleche und Drähte), sonst ist es spröde. Es läßt sich auch gießen. An der Luft (und im Wasser) hält es sich gut, nachdem es sich mit einer grauen Schicht von basischem Zinkkarbonat überzogen hat, das das darunter liegende Metall schützt. Es wird daher zu Dacheindeckungen und Dachrinnen gebraucht[1]) sowie zu Eimern und anderen Gefäßen (statt Eisen). Zinkbleche dürfen nur mit verzinkten Nägeln befestigt werden, weil sonst in Berührung mit dem Wasser, sofern es unrein, z. B. salzhaltig ist, zwischen Eisen und Zink ein galvanischer Strom entsteht, der eine Zerstörung des Zinks zur Folge hat. Mit Zink wird auch das Eisenblech zum Zwecke des Rostschutzes überzogen (galvanisiertes Eisen). Amalgamierte Zinkstäbe (durch Eintauchen in Quecksilber) werden bei vielen galvanischen Elementen gebraucht. Bei 300° ist das Zink so spröde, daß es sich pulverisieren läßt. Zinkstaub dient als Anstrichfarbe für Eisen (Rostschutz). An der Luft erhitzt, verbrennt das Zink mit blauer Flamme zu Zinkoxyd. In Salzsäure löst sich das Zink zu Zinkchlorid $ZnCl_2$, einem weißen Salz, dessen wäßrige Lösung zum Schutze des Holzes gegen Fäulnis dient. Ferner braucht man $ZnCl_2$ wegen seines Lösungsvermögens für Metalloxyde als Lötwasser. Das Zink wird ferner zu vielen Legierungen verwendet. Zum gleichen Zwecke gebraucht man das

---

[1]) Von großer Wichtigkeit ist die Verwendung des Zinks zur Zinkographie, wohl auch Zinkätzung oder Chemigraphie genannt. Die zu vervielfältigende Zeichnung wird mit einem säurebeständigen Lack auf eine Zinkplatte übertragen und diese dann geätzt, wobei die von der Säure nicht angegriffenen, mit Lack bedeckten Teile die Möglichkeit bieten, die Zeichnung durch Druck zu vervielfältigen. — Auf einem ähnlichen Vorgang beruht die Lithographie (Steindruck), bei der die Zeichnung auf einen Kalkstein (Solnhofen) mit einer säurebeständigen Masse übertragen wird; durch nachherige Ätzung mit Salzsäure tritt die Zeichnung erhaben hervor.

Kadmium Cd, ein in den meisten Zinkerzen mit vorkommendes Metall von zinnweißer Farbe, spezifisches Gewicht 8,6, Schmelzpunkt 322°, dessen Oxyd braun gefärbt ist. Es wird als Nebenerzeugnis der Zinkgewinnung erhalten, und zwar destilliert es aus den Muffeln vor dem Zink über.

9. Das Zinn.

Das Zinn Sn wird aus dem Zinnstein SnO_2, einem nicht sehr verbreiteten Erz, durch Reduktion mit Kohle im Schachtofen gewonnen, als silberweißes glänzendes Metall (zwei- und vierwertig), spezifisches Gewicht 7,3, Schmelzpunkt 232°, an der Luft gut haltbar. Es ist sehr fein auswalzbar (Stanniol) und findet mit geringem Bleizusatz (höchstens 10% Blei, wegen dessen Giftigkeit), zur Erhöhung der Festigkeit, zu Eß- und Trinkgeschirren Anwendung, ferner zu Destillationsapparaten (Kühlschlangen), zum Verzinnen von Eisenblech (Weißblech) und von Kupfergeschirren. Bei den gegenwärtigen sehr hohen Zinnpreisen werden Weißblechabfälle wieder elektrolytisch entzinnt.

Das Zinn wird ferner zum Löten gebraucht und zur Herstellung vieler Legierungen. Bei größerer Kälte geht das Zinn in einen allotropen Zustand über, das graue Zinn, eine lockere Masse (Ursache des Zerfalls von Zinngefäßen, sogenannte Zinnpest). — In Salpetersäure verwandelt sich das Zinn in Zinnoxyd SnO_2, eine weiße Masse. In Salzsäure ist das Zinn leicht löslich. Das entstehende Zinnchlorid $SnCl_4$ dient zum Beizen von Eisenstücken, die viel Rost enthalten.

C. Das Eisen.

1. Die Eisensorten.

Das reine Eisen Fe wird wegen seiner geringen Widerstandsfähigkeit in chemischer und mechanischer Hinsicht niemals in der Praxis verwendet; das in der Technik gebrauchte enthält immer Kohlenstoff, ferner Silizium, Mangan und andere Elemente. — Nach Menge und Art des vorhandenen Kohlenstoffs unterscheidet man die Eisensorten wie folgt:

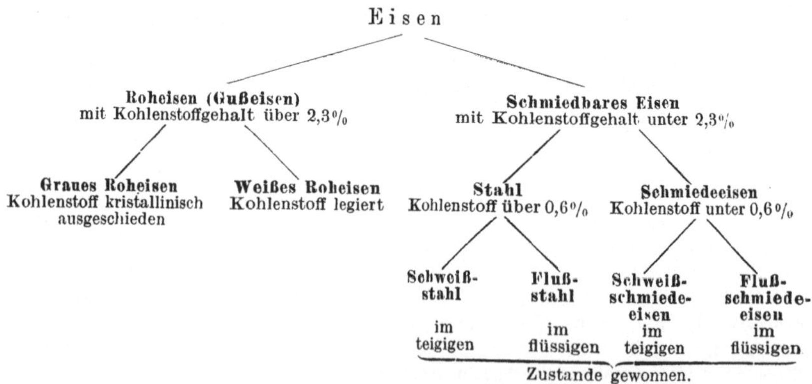

Das Roheisen (Gußeisen ist im Kupolofen umgeschmolzenes Roheisen) enthält also mehr, das schmiedbare Eisen dagegen weniger als 2,3% Kohlenstoff. Das Roheisen unterscheiden wir wieder als graues und weißes.

Das graue Roheisen enthält den Kohlenstoff als Graphit kristallinisch ausgeschieden; die Bruchfläche ist grau, kristallinisch körnig. — Das weiße Roheisen enthält dagegen den Kohlenstoff legiert, die Bruchfläche ist weiß und dicht. Spezifisches Gewicht 7,2 für beide Roheisenarten. Da das Roheisen rasch und bei niedriger Temperatur schmilzt (graues bei 1000° und weißes bei 1075°), so kommt für dasselbe nur das Gießen als Verarbeitungsart in Betracht. Dagegen läßt sich das Roheisen nicht schmieden, weil es vor dem Schmelzen, im Gegensatz zum schmiedbaren Eisen, nicht erst in den zähflüssigen Zustand übergeht.

Das schmiedbare Eisen unterscheiden wir wieder in Stahl (spezifisches Gewicht 7,8, Schmelzpunkt 1400°) und Schmiedeeisen (spezifisches Gewicht 7,9, Schmelzpunkt 1600°); ersterer enthält mehr, letzteres weniger als 0,6% Kohlenstoff. Der Stahl läßt sich im Gegensatz zum Schmiedeeisen härten. Wir unterscheiden ferner noch Schweißstahl und Schweißschmiedeeisen einerseits, die im teigigen Zustand durch das Puddelverfahren gewonnen werden, und Flußstahl und Flußschmiedeeisen andererseits, im flüssigen Zustand durch das Bessemer-, Thomas- und Siemens-Martin-Verfahren erhalten. Letztere Erzeugnisse sind im Gegensatz zu den ersteren vollkommen schlackenfrei.

Der amorphe Kohlenstoff (im schmiedbaren Eisen allein enthalten) kommt als Härtungskohle und Karbidkohle vor. Im geschmolzenen oder stark erhitzten Zustande hat das Eisen immer nur Härtungskohle, die um so besser erhalten bleibt, je schneller man abkühlt (abschreckt), andernfalls ist mehr Karbidkohle vorhanden, die mit dem Eisen zu Fe_3C Eisenkarbid verbunden ist. Die Härte des Eisens richtet sich nach der Menge der vorhandenen Härtungskohle. — Eine weitere Kohlenart im Eisen ist die nicht kristallinische Temperkohle, die durch das sogenannte Temperverfahren gebildet wird, das den schmiedbaren Guß erzeugt, d. h. das Gußeisen oberflächlich in Schmiedeeisen verwandelt, durch Erhitzen mit Oxydationsmitteln (z. B. Roteisenstein, wirkt an der Oberfläche des Gußstückes kohlenstoffentziehend) in eisernen Kästen auf Rotglut. Das Verfahren dient zur Herstellung von Schraubenschlüsseln, Türbeschlägen, kleinen Zahnrädern usw.

Der Kohlenstoffgehalt des Eisens wird durch Silizium vermindert, der vorhandene Kohlenstoff als Graphit ausgeschieden (also graues Roheisen immer siliziumhaltig). Durch Mangan wird dagegen der Kohlenstoffgehalt erhöht, und zwar ist die Kohle immer in legierter Form vorhanden (also weißes Roheisen, besonders Spiegeleisen, stets manganreich). Das Silizium vermindert ferner den Ausdehnungskoeffizienten des Eisens, während Mangan die Abscheidung des Schwefels bewirkt, der, in Form einer Schlacke von Schwefelmangan auf dem flüssigen Eisen schwimmend, leicht entfernt werden kann. Schlacke ist derjenige Teil eines geschmolzenen Stoffes, der beim Erstarren eine steinige Masse bildet[1]).

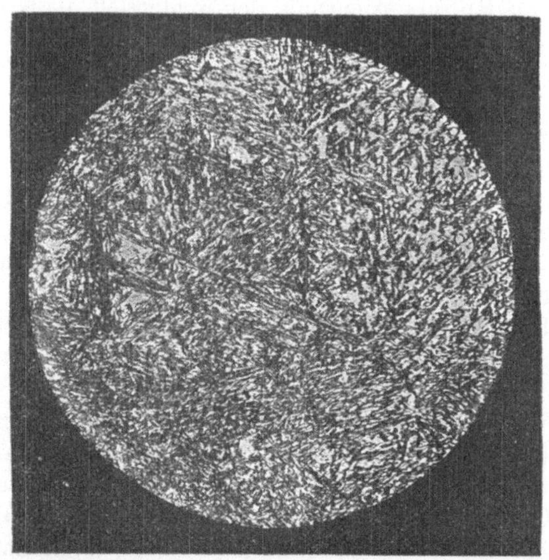

Abb. 69 und 70. Ätzbilder.
(Aus Sackur, Einführung in die Chemie.)

---

[1]) Aluminium wirkt wie Silizium, Chrom wie Mangan. Zu viel Silizium macht das Eisen spröde. Mangangehalt bis zu 1,5%, Silizium bis zu 3%.

Der Schwefel macht das Eisen rotbrüchig, d. h. es bricht im rot-glühenden Zustand. Eisenerze mit größerem Schwefelgehalt müssen daher durch Rösten entschwefelt werden. — Der etwa vorhandene Phosphor macht das Eisen kaltbrüchig, d. h. es bricht schon bei ge-wöhnlicher Temperatur, z. B. beim Hämmern. Die Entfernung des Phosphors erfolgt durch das Thomasverfahren.

Für die Festigkeit ist zunächst ein mittlerer Kohlenstoffgehalt er-forderlich (daher hat der Stahl die größte Festigkeit), ferner eine mög-lichst gleichmäßige Metallmasse; besonders sollen keine Seigerungen im Stück vorhanden sein, d. h. Stellen, deren Zusammensetzung von denen der übrigen Masse abweicht.

Die Untersuchung des Gefüges des Eisens erfolgt mit Hilfe des metallographischen Verfahrens, bei dem das zu prüfende Stück erst auf der Drehbank mittels Schmirgelscheibe geschliffen und dann mit einem Lappen mit Polierrot nachbehandelt wird. Hierauf folgt das Reliefpolieren mit Polierrot auf einer nachgiebigen Unterlage (Gummi), wodurch harte Gefügebestandteile erhalten bleiben, die weichen da-gegen fortgenommen werden. Nunmehr wird die Probe erwärmt (an-gelassen), wobei die einzelnen Bestandteile des Schliffs durch ihre ver-schiedenen Anlaßfarben in Erscheinung treten. Es folgt darauf das Ätzpolieren auf nachgiebiger Unterlage mit Ammoniumnitrat bzw. Salmiakgeist, und dann das Ätzen selbst mit alkoholischer Salzsäure (HCl in Alkohol) oder mit Kupferammoniumchlorid $CuCl_2 + NH_4Cl$. Die so erhaltenen Ätzungen gestatten eine Unterscheidung der ein-zelnen Bestandteile unter dem Mikroskop (vgl. Mitteil. des Material-prüfungsamtes in Berlin-Lichterfelde). In Abb. 69 und 70 sehen wir zwei derartige Ätzbilder von Stoffen mit größerer bzw. geringerer Gleichmäßigkeit.

2. Das Roheisen.

Man erhält alle anderen Eisensorten aus dem Roheisen. Dieses wird aus den durch Röstung aufgelockerten, entschwefelten und in Eisenoxyd Fe_2O_3 übergeführten Erzen durch das Hochofenverfahren erzeugt. Die wichtigsten Erze sind:

Name des Erzes	Chemische Formel und Be-zeichnung des Erzes	Eisengehalt des Erzes
Magneteisenstein	Fe_3O_4 = Eisenoxydoxydul	73,5 %
Roteisenstein . .	Fe_2O_3 = Eisenoxyd	70,0 %
Brauneisenstein .	$Fe_4H_6O_9$ = Eisenoxydhydrat	60,0 %
Spateisenstein . .	$FeCO_3$ = Eisenkarbonat	50,0 %

Auch Raseneisenstein gehört zu den Brauneisensteinerzen.

Der Schwefelgehalt darf höchstens 0,15%, der Phosphor 0,55% betragen. Phosphor macht das Eisen dünnflüssig. In gewissen Fällen vereinigt sich der Phosphor chemisch mit dem Eisen zu Eisenphosphiden.

Der Hochofen ist ein aus Schamottsteinen erbauter Schachtofen, denn er hat eine senkrechte Hauptachse; der zu erhitzende Stoff kommt mit dem Brennstoff in unmittelbare Berührung, vgl. Abb. 71). Die Erze erhalten einen Zuschlag von Kalk, der mit dem stets vorhandenen, aus Kieselsäure bestehenden tauben Gestein im Hochofen die leicht schmelzbare Schlacke bildet, die zur Herstellung von Schlackensteinen, Schlackenwolle (Isoliermittel) dient, zum Zusatz zum Zement, sowie zum Wegebau.

Die Mischung von Eisenerzen und Zuschlägen, der sogenannte Möller, wird abwechselnd mit Schichten von Koks in den Hochofen gebracht. Aus dem Koks entsteht zunächst unter Einwirkung des in den Cowpern (Winderhitzern) erwärmten Gebläsewindes Kohlendioxyd, das an den oberen Koksschichten in Kohlenoxyd verwandelt wird. Dieses reduziert die in Eisenoxyd übergeführten Erze zu Eisen:

$$Fe_2O_3 + 3\,CO = Fe_2 + 3\,CO_2.$$

Die durch den obersten Teil des Hochofens, der Gicht, abgeleiteten luftförmigen Stoffe, die bei dem Verfahren entstehen, das sogenannte Gichtgas, enthält 25% brennbare Bestandteile (vorwiegend Kohlenoxyd); es dient als Brennstoff für die Winderhitzer, zum Betrieb von Großgasmaschinen für die Gebläseanlagen des Hochofenwerkes bzw. Erzeugung von elektrischer Energie zu Licht- und Kraftzwecken (Antrieb der Walzenstraßen).

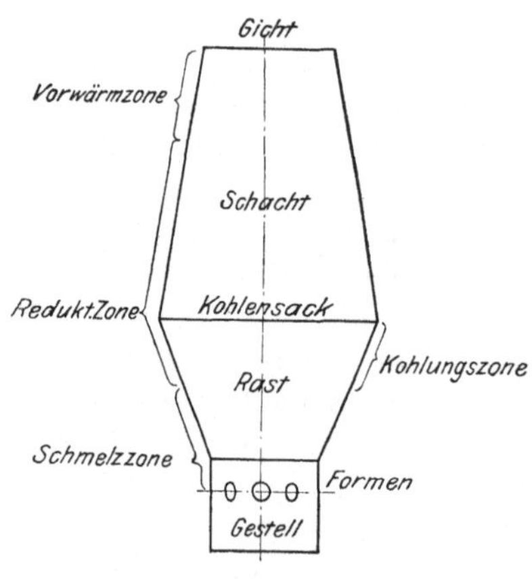

Abb. 71. Eisenhochofen[1]).

Der Hochofen hat die Gestalt zweier Kegelstumpfe, Schacht und Rast genannt (Abb. 71 und 72), die breiteste Stelle ist der Kohlensack, das obere Ofenende die Gicht, das untere das Gestell. Der Möller nebst Brennstoff werden durch den Gichtverschluß eingefüllt. Die im Ofen allmählich sinkenden Erze werden zunächst angewärmt (Vorwärmzone), dann entsprechend obiger Umsetzungsgleichung reduziert (Reduktionszone), hierauf nimmt die Masse Kohlenstoff aus dem Brennstoffe auf (Kohlungszone) und schmilzt schließlich (Schmelzzone). Das so erhaltene Metall wird durch die als Eisenabstich bezeichnete Öffnung entfernt, die sich unter dem Schlackenabstich befindet. Der erwähnte Gebläsewind wird im Gestell durch die Düsen zugeführt; er

---

[1]) Obige Abb. 71, sowie Abb. 72—75 aus Meyer, Technologie des Maschinentechnikers.

wird im Cowper[1]) vorgewärmt, dessen feuerfestes Mauerwerk (Stein-
register) vorher mit Gichtgas erhitzt ist.

Das im Hochofen entstehende Roheisen· wird nach dem Abstich
entweder in Pfannenwagen zum Bessemerwerk gebracht, um dort auf

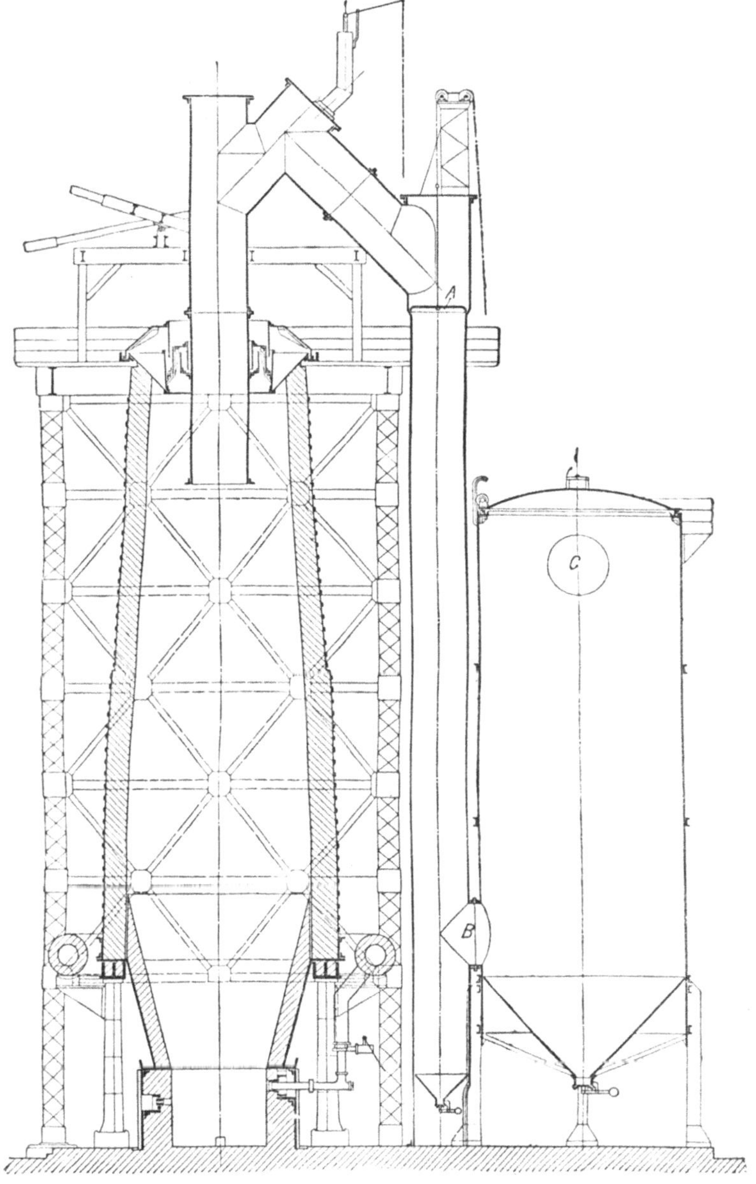

Abb. 72. Eisenhochofen.

---

1) In Abb. 72 steht der Cowper rechts vom Hochofen.

Stahl verarbeitet zu werden, oder man läßt es in prismatischen Sandformen zu sogenannten Masseln (Masseleisen) erstarren, die dann im Kupolofen umgeschmolzen und in Formen gegossen werden. Der Kupolofen, ein Schachtofen, wird mit Koks geheizt unter Anwendung des Gebläses. Nur graues Roheisen wird verarbeitet. Die Koksasche und der Eisenabbrand werden durch einen Zuschlag von etwa 3% Kalkstein in eine leichtflüssige Schlacke übergeführt, die durch einen besonderen Abstich abfließt. Für die Herstellung der Gußformen unterscheidet man folgende Stoffe: Sand, Masse, Lehm und Eisen.

Der Formsand wird, je nachdem, ob er reich oder arm an Ton ist, fett oder mager genannt. Der Rohstoff wird gemahlen und mit Steinkohle vermischt, mit Wasser angefeuchtet, dann zur Herstellung der Formen benutzt. Die zugesetzte Kohle verhindert das Sintern des Sandes, was auch durch das Bestreichen der Form mit Graphit vermieden wird. Magersand hat nur geringe Bindekraft, ist aber bei der Verwendung billig; es wird dabei in die feuchte Form gegossen. — Zur Herstellung der Kerne, z. B. für Rohre, muß man die Masse zum Formen benutzen, ein Gemisch von feuerfestem Ton mit Sand, Graphit oder Koks, weil die Sandformen zu diesem Zwecke nicht genügend widerstandsfähig wären. Die aus Masse hergestellten Formen werden getrocknet. Große Gegenstände (Dampfzylinder) muß man aus Lehm formen, der mit verkohlenden Stoffen (Pferdedünger) gemischt wird, weil sonst die Form zu dicht ist. Hartguß zu Walzen usw. erhält man durch Gießen in eisernen Formen, in denen rasche Abkühlung eintritt, so daß das Gußstück den Graphit feiner verteilt hat und infolgedessen härter ist.

3. Schmiedeeisen und Stahl.

Stahl und Schmiedeeisen entstehen aus dem Roheisen, indem diesem Kohlenstoff durch Oxydation entzogen wird. Es geschieht dies durch Puddel-, Bessemer-, Thomas- und Siemens-Martinverfahren.

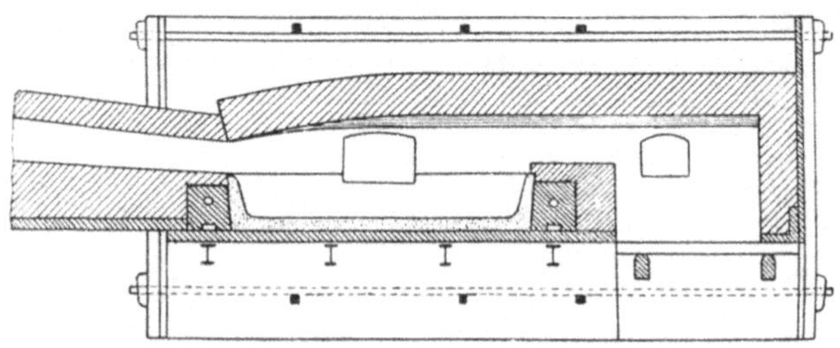

Abb. 73. Puddelofen.

a) Das Puddelverfahren liefert Schweißeisen, indem man Roheisenstücke im Flammofen (Abb. 73) unter Luftzutritt niederschmilzt und in die flüssige Masse zur weiteren Oxydation des Kohlenstoffs noch **Luft** einrührt. Sowie sich das schmiedbare Eisen bildet, beginnt die Masse zu erstarren, es entsteht das sogenannte **Luppeneisen**, das, ausgeschmiedet und ausgewalzt, zum Tiegelstahlverfahren, dann zu Draht für die Herstellung von Schrauben usw. gebraucht wird.

In der Abb. 73 sehen wir den Puddelofen. Auf dem rechts befindlichen Rost wird der Brennstoff verbrannt; die Verbrennungsgase streichen über den Herd, in dem sich das zu verarbeitende Eisen befindet. Der Herd ist mit feuerfestem Futter versehen. (Das kennzeichnende Merkmal des Flammofens ist die wagerechte Hauptachse, und daß der zu erhitzende Stoff nicht mit dem Brennstoff selbst, sondern nur mit den Verbrennungsgasen in Berührung kommt. Der Schachtofen hat, wie erwähnt, senkrechte Hauptachse, und der zu erhitzende Stoff kommt mit dem Brennstoff in unmittelbare Berührung, vgl. Hochofen.)

b) Das **Bessemer-** und **Thomasverfahren** erzeugt Stahl aus flüssigem Roheisen, das sich in einem birnenförmig gestalteten, um die

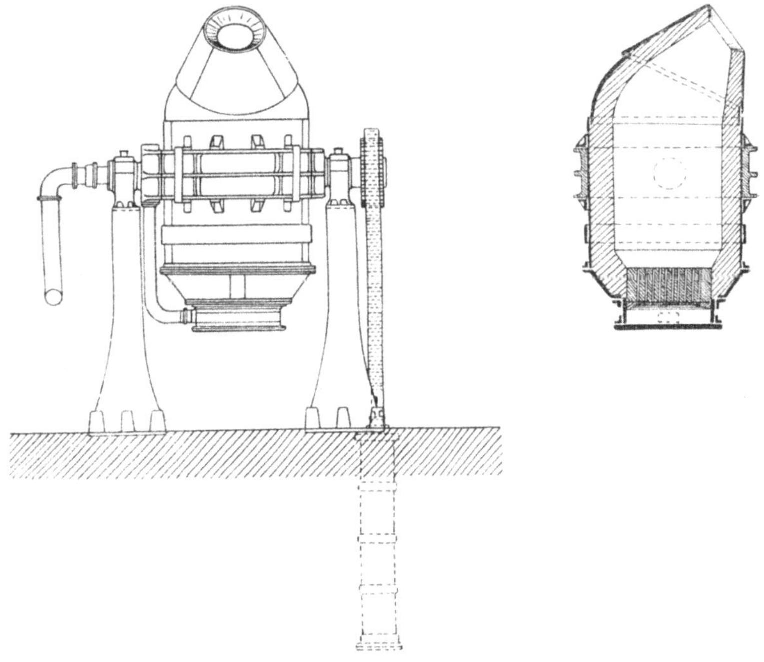

Abb. 74. Bessemerbirne.

wagerechte Achse drehbaren Gefäße (daher der Name Birnenverfahren), dem sogenannten **Konverter**, befindet, durch Einblasen von Luft (Abb. 74). Das Gefäß ist um einen wagerechten Zapfen drehbar. Die Luft tritt unten durch den Bodenstein, dessen Düsen im Schnitt erkennbar sind, in den Konverter. Durch eine Zahnstange, die durch Wasserkraft bewegt wird, erfolgt mittelst Zahnrades die Drehung des Konverters.

Beim ursprünglichen Bessemerverfahren war der eiserne Mantel des Konverters mit einem feuerfesten Stoff aus Ganister ausgekleidet, einer vorwiegend aus Kieselsäure bestehenden Sandsteinart, das s a u r e F u t t e r genannt. Wenn man nun in diesem Konverter phosphorhaltiges Roheisen verarbeitete, so verwandelte sich der Phosphor in P_2O_5, Phosphorsäureanhydrid (Phosphorpentoxyd), und da letzteres kein Bindemittel fand, so blieb es im Eisen und wurde in diesem wieder zu Phosphor reduziert, der die Festigkeitseigenschaften des Metalls wesentlich verringerte. Beim Thomasverfahren, das bei phosphorhaltigem Roheisen stets anzuwenden ist, wird das entstehende Phosphorsäureanhydrid durch Zusatz von gebranntem Kalk zu Kalziumphosphat gebunden, das als Schlacke auf dem Metall schwimmt (Thomasschlacke). Damit das Verfahren aber in der beschriebenen Weise verläuft, ist es erforderlich, das sogenannte b a s i s c h e O f e n f u t t e r zu verwenden. Wollte man nämlich den Ganister benutzen, so würde sich der zugeschlagene Kalk nicht mit dem Phosphorsäureanhydrid verbinden, sondern mit der Kieselsäure des Ofenfutters, zu der er größere Affinität hat. Man benutzt daher zur Ausfütterung des Ofens die Dolomitsteine, die man aus gebranntem Dolomit erhält, den man gemahlen mit Teer vermischt und in Formen preßt. Die Thomasschlacke findet im gemahlenen Zustand (Thomasmehl) als Düngemittel Verwendung. Das erhaltene Schmiedeeisen (bzw. Stahl) wird in gußeiserne Formen, sogenannte K o k i l l e n , gegossen und die entstehenden Blöcke ausgewalzt.

Um in den Kokillen blasigen Guß (Lunkerbildung) zu vermeiden, setzt man 0,1 % Aluminium zu (Verringerung der Zähflüssigkeit durch Schmelzpunkterniedrigung).

c) Das S i e m e n s - M a r t i n v e r f a h r e n erzeugt Stahl durch Zusammenschmelzen von kohlenstoffreichem Gußeisen und kohlenstoffarmem Schmiedeeisenschrott. Die Ausführung erfolgt im Generatorgasofen, dessen Futter, je nach Beschaffenheit des Rohstoffs, wieder sauer oder basisch sein kann. Auch die Weiterverarbeitung erfolgt wie beim Bessemer- und Thomasverfahren (vgl. Abb. 75).

Die wesentlichsten Teile des Ofens sind der Herd a und die darunter liegenden vier Kammern, die mit Schamottsteinen gitterartig ausgemauert sind. Die mit l bezeichneten führen die Luft, die mit g das Generatorgas zu. Zunächst treten Gas und Luft durch die linken Kammern ein, vereinigen sich bei der Verbrennung über dem Herd, und die entstehenden Verbrennungsgase entweichen durch die rechts liegenden Kammern, die dadurch in Weißglut gebracht werden. Nach einiger Zeit stellt man einen Schieber um, so daß die Zuströmung von rechts und der Abzug der Verbrennungsgase durch die linken

Kammern erfolgt. Hierdurch wird eine Vorwärmung von Gas und Luft und infolgedessen eine bessere Heizwirkung erzielt. Nach einiger Zeit kehrt man die Strömungsrichtung wieder um usw.

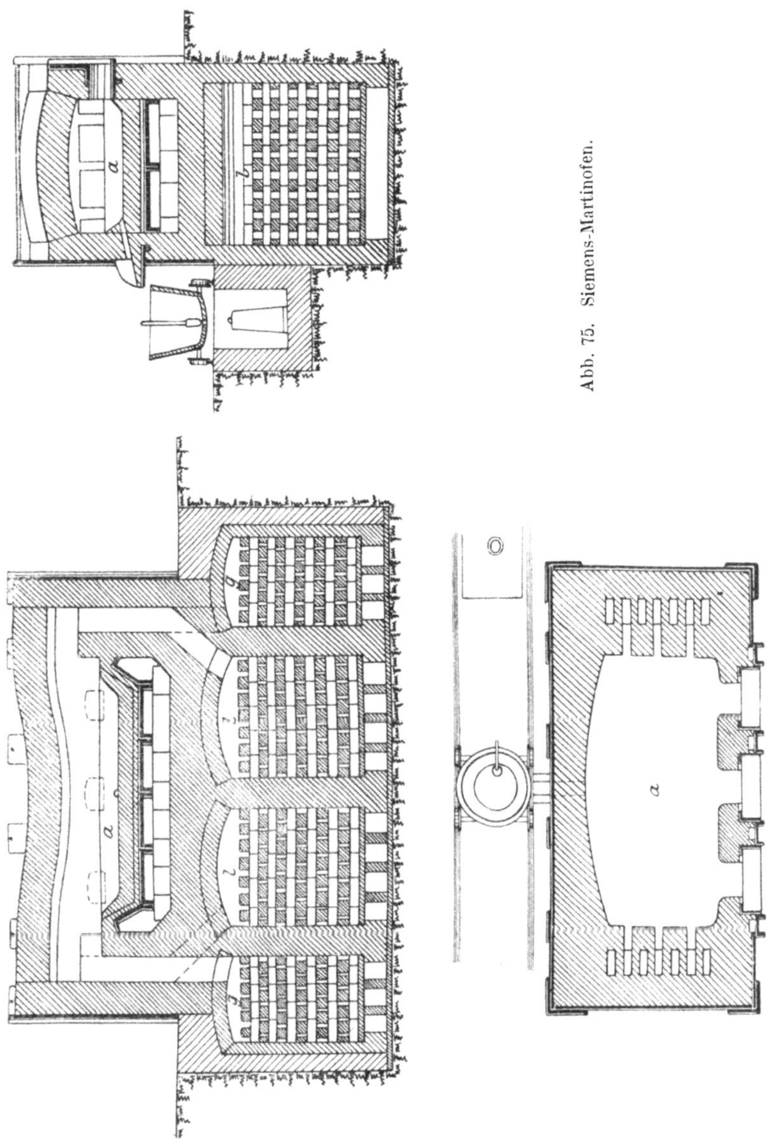

Abb. 75. Siemens-Martinofen.

Um die Eisenbleche und -drähte vom Walzsinter, (stofflich übereinstimmend mit verbranntem Eisen[1]), Hammerschlag, Fe_3O_4 Eisen-

---

[1] Verbranntes Eisen entsteht beim längeren Erhitzen unter Einwirkung der Luft, z. B. die Roststäbe der Feuerungsanlagen. — Das Eisenoxyd Fe_2O_3 wird zum Polieren gebraucht (Polierrot), ferner als Anstrichfarbe (Eisenmennige).

oxydoxydul), zu befreien, werden sie gebeizt, d. h. mit Säure behandelt. Für Feinbleche (Schwarzbleche) benutzt man verdünnte Salzsäure in säurebeständigen Steintrögen; die Tröge zur nachherigen Wasserspülung sind aus Holz. Die Bleche werden in Körben aus säurebeständiger Phosphorbronze (vgl. S. 126) in die Beize eingetaucht, Beiz- und Spüldauer etwa 7 Minuten, Gewichtsverlust der Bleche etwa 4%. Die Tröge zum Beizen von Drähten sind aus Holz, mit Bleiplatten ausgeschlagen, von 5 cbm Inhalt. Man beizt unter gleichzeitigem Erwärmen auf 60° C, Beizverlust 1,5% des angewandten Drahtes. Die Nachbehandlung erfolgt durch Neutralisation mit Kalkmilch und Waschen mit Wasser.

Das Tiegelgußstahlverfahren hat den Zweck, den durch eines der bisher beschriebenen Verfahren erzeugten Rohstahl zu veredeln, d. h. ihn durch Umschmelzen in feuerfesten Tiegeln im Generatorgasofen in ein ganz gleichmäßiges, den höchsten mechanischen Ansprüchen genügendes Erzeugnis zu verwandeln. In ähnlicher Weise geschieht dies beim Elektrostahlverfahren, durch Umschmelzen im elektrischen Ofen. Hierbei erhält der Stahl oft noch gewisse Zusätze (Erzeugung von Spezialstählen), z. B. Nickel beim Nickelstahl für Panzerplatten, Geschosse, Kurbelwellen und Kolbenstangen, Chromstahl wird im Kraftwagenbau für stark beanspruchte Teile gebraucht. Der naturharte oder Schnelldrehstahl enthält Chrom, Wolfram, Molybdän, mitunter auch Titan und Vanadium, in sehr verschiedener Zusammensetzung. Er behält seine Härte auch bei höherer Temperatur, unter Umständen bis zu 700°, durch welche Eigenschaft er für rasch laufende Werkzeugmaschinen besonders wertvoll wird.

Das Härten des gewöhnlichen Stahls beruht darauf, daß er erhitzt und plötzlich abgekühlt (abgeschreckt) wird, wobei möglichst viel Härtungskohle erhalten bleibt. Man erhitzt den Stahl zunächst auf Kirschrotglut (etwa 750°), für manche Zwecke auch wohl in einem Bade von geschmolzenem Bariumchlorid $BaCl_2$, und schreckt ihn dann mit Öl, Seifenlösung oder Wasser ab. Der abgeschreckte Stahl ist aber für die technische Verwendung zu spröde und muß daher wieder enthärtet, d. h. auf einen geringeren Härtegrad gebracht werden. Dieses Enthärten pflegt man nach den dabei auftretenden Farben als Anlassen zu bezeichnen. Zur Erzielung einer bestimmten Farbe ist auch immer eine bestimmte Temperatur erforderlich, die man, außer durch erwärmte Sandbäder, auch durch schmelzende Bleizinnlegierungen von verschiedener Zusammensetzung erhält.

Anlaßfarbe	Temperatur (Celsiusgrade)	Legierung	
		Blei	Zinn
Hellgelb	235°	66,66 %	33,34 %
Dunkelgelb . . .	240°	69,00 %	31,00 %
Purpurrot	255°	75,00 %	25,00 %
Violett	265°	81,60 %	18,40 %
Kornblumenblau .	327°	100,00 %	—

Man läßt für die mannigfachen Verwendungsarten die Stähle verschieden an[1]):

Hellgelb (sehr hart) für Matrizen und Prägestempel;
Dunkelgelb für Bohr- und Drehstähle; Fräser;
Purpurrot für Meißel- und Lochstempel;
Violett für Steinbohrer und -meißel;
Kornblumenblau für Holzbearbeitungszwecke, Federn.

Das Schmiedeeisen wird an der Oberfläche durch das sogenannte Einsetzen gehärtet, d. h. durch Erhitzen mit Knochenkohle, Lederabfällen, Zyankalium, gelbem Blutlaugensalz usw., die, ihren Kohlenstoff an die Außenschichten des Eisens abgebend, dieses dabei in Stahl verwandeln[2]). — Auch gußeiserne Gegenstände kann man bis zu einem gewissen Grade härten, durch Erhitzen auf Rotglut und Abkühlen mit Wasser, das 18% Schwefelsäure und 1% Salpetersäure enthält.

Besondere Ansprüche stellt noch die Elektrotechnik an die einzelnen Eisensorten: Schweißeisen und weicher Stahl setzen dem Magnetisieren nur geringen Widerstand entgegen (Anwendung bei den Dynamomaschinen). — Harter Stahl bietet der Magnetisierung dagegen Widerstand, behält aber den Magnetismus lange (Anwendung bei den Magnetzündungen der Verbrennungskraftmaschinen).

D. Die Legierungen.

In vielen Fällen sieht sich der Techniker veranlaßt, die Metalle nicht im reinen Zustand zu verwenden, sondern mit anderen zusammengeschmolzen (legiert). Es kann sich dabei um Änderung des Schmelzpunktes, des spezifischen Gewichtes, der Festigkeit, der Zähigkeit, der Dehnbarkeit, Farbe, Haltbarkeit an der Luft oder gegen chemische Einflüsse oder Änderung des Leitungsvermögens für Wärme und Elektrizität handeln. Manche Metallegierungen enthalten auch nichtmetallische Bestandteile, wie Kohlenstoff (in den technischen Eisensorten), Phosphor und Silizium.

Die Herstellung der Legierungen erfolgt im allgemeinen in der Weise, daß man dasjenige Metall, das leichter flüssig wird, zuerst einschmilzt und dann das andere (bzw. die anderen) dem Bade zusetzt.

Im allgemeinen schmelzen die Legierungen bei wesentlich niedrigerer Temperatur als die Metalle, aus denen sie bestehen; meistens liegt der Schmelzpunkt zwischen denjenigen der einzelnen Metalle der Legierung. Das Messing schmilzt z. B. bei 900°, das Kupfer dagegen bei 1050°,

---

[1]) Die Entstehung dieser Farben ist physikalischer Natur, Farben dünner Blättchen.

[2]) Anwendung z. B. bei Bolzen (Zementstahl).

das Zink bei 412°[1]). Einige Legierungen der nachfolgenden Tabelle haben einen besonders niedrigen Schmelzpunkt (unter 100°), sie werden unter gewissen Verhältnissen als Lote gebraucht; z. B.

Woodmetall . . . . 60°
Lippowitzmetall . . . 70°
Lichtenbergmetall . . 92°
Rosemetall . . . . . 95°.

Bei anderen Legierungen zeigt sich schon durch verhältnismäßig geringe Mengen eines zugesetzten Metalls, ein völliger Umschlag der Farbe, z. B. bei den Nickelmünzen, die ganz die Farbe des Nickels haben, obgleich sie von diesem Metall nur 25% enthalten, dagegen 75% Kupfer. — Zu den einzelnen in der nachstehenden Tabelle enthaltenen Legierungen ist noch folgendes bemerkenswert:

Die Aluminiumbronze übertrifft an Festigkeit alle anderen Metalle und wird daher zu Maschinenteilen da verwendet, wo bei starker Beanspruchung auf Druck oder Reibung eine möglichst hohe Bruchsicherheit verlangt wird, wie zu Zahnrädern, Zahnstangen, Schneckengetrieben, Kolben, Ventilen, Kollektoren für Dynamos, Drahtseile u. a. m. Die geschmolzene Legierung zeigt den Nachteil starken Schwindens; auch durch Walzen und Schmieden erfolgt die Verarbeitung. — Verwandte Legierungen sind Diamantbronze, Goldbronze, Säurebronze und Stahlbronze. Die Bronzen im allgemeinen Sinne sind Kupferzinnlegierungen, die ebenso wie die Kupferzinklegierungen (Messing) zur Überführung des Kupfers in ein gut schmelzbares Metall dienen[2]). Die Maschinenbronzen enthalten oft auch Zink; sie werden zu Armaturen, Ventilen, Lagern, Pumpengehäusen u. a. m. gebraucht. Von den zu Sonderzwecken dienenden Bronzen sei die Glockenbronze erwähnt, die arm an Zinn ist, ebenso das Kanonenmetall; Kunstbronze ist bleihaltig. Die Manganbronze zeigt wesentlich größere Festigkeit als die gewöhnliche, sie dient zur Herstellung von Blechen. Eine Mangannickellegierung ist das Manganin, das in der Elektrotechnik zu Widerständen gebraucht wird, ebenso wie Rheostan, Nickelin, Kruppin und Konstantan. Die Phosphorbronzen zeichnen sich durch hohe Festigkeit und Zähigkeit, sowie Widerstandsfähigkeit gegen Säuren aus. — Die Siliziumbronze wird zu Fernsprech- und Telegraphenleitungen gebraucht. Sie erhöht die Härte und Festigkeit des Kupfers, verringert aber dessen Leitungsvermögen. — Rotgußbronzen sind gewisse Maschinenbronzen, die einen großen Widerstand gegen Reibung besitzen. — Das bereits erwähnte Messing (zu Armaturen benutzt) läßt sich gut gießen, aber

---

[1]) Legierungen, bei denen sich die Bestandteile in dem Mengenverhältnis befinden, bei dem der Schmelzpunkt der niedrigst erreichbare ist, heißen eutektische.

[2]) Das Beizen und Gelbbrennen von Messing, Bronze, Tombak und Neusilber erfolgt wie beim Kupfer beschrieben.

Die prozentische Zusammensetzung der wichtigsten Legierungen.

Namen der Legierung	Aluminium	Antimon	Arsen	Blei	Eisen	Gold	Kadmium	Kupfer	Magnesium	Mangan	Nickel	Phosphor	Silber	Silizium	Zink	Zinn	Wismut
1. Aluminiumbronze	5	—	—	—	—	—	—	95	—	—	—	—	—	—	—	—	—
2. Aluminiummessing	10	—	—	—	—	—	—	—	—	—	—	—	—	—	90	—	—
3. Aluminiumsilber	95	—	—	—	—	—	—	—	—	—	—	—	5	—	—	—	—
4. Antifriktionsmetall	—	17	—	—	—	—	—	6	—	—	—	—	—	—	77	—	—
5. Argentan (Neusilber)	—	—	—	—	—	—	—	60	—	—	10	—	—	—	30	—	—
6. Babbitmetall[1]	—	—	—	—	—	—	—	—	—	—	—	—	—	—	—	—	—
7. Blattgold (unecht)	—	—	—	—	—	—	—	85	—	—	—	—	—	—	15	—	—
8. Britannia (Neusilber)	—	8	—	—	—	—	—	2	—	—	—	—	—	—	—	90	—
9. Bronze	—	—	—	—	—	—	—	78	—	—	—	—	—	—	—	22	—
10. Buchdrucklettern	—	20	—	80	—	—	—	—	—	—	—	—	—	—	—	—	—
11. Bugmessing[2]	—	—	—	—	—	—	—	—	—	—	—	—	—	—	—	—	—
12. Deltametall	—	—	—	1	2	—	—	50	—	—	—	—	—	—	47	—	—
13. Diamantbronze[3]	—	—	—	—	—	—	—	—	—	—	—	—	—	—	—	—	—
14. Duranametall	2	—	—	—	—	—	—	68	—	—	—	—	—	—	30	—	—
15. Eichmetall	—	—	—	—	2	—	—	58	—	—	—	—	—	—	40	—	—
16. Glockenbronze	—	—	—	—	—	—	—	90	—	—	—	—	—	—	—	10	—
17. Goldmünzen	—	—	—	—	—	10	—	90	—	—	—	—	—	—	—	—	—
18. Hartlot	—	—	—	—	—	—	—	60	—	—	—	—	—	—	40	—	—
19. Kanonenmetall	—	—	—	—	—	—	—	90	—	—	—	—	—	—	—	10	—
20. Konstantan[4]	—	—	—	—	—	—	—	—	—	—	—	—	—	—	—	—	—
21. Kruppin[4]	—	—	—	—	—	—	—	—	—	—	—	—	—	—	—	—	—
22. Kunstbronze	—	—	—	3	—	—	—	87	—	—	—	—	—	—	3	7	—
23. Kupfermünzen	—	—	—	—	—	—	—	96	—	—	—	—	—	—	1	3	—
24. Lagermetall	—	12	—	80	—	—	—	—	—	—	—	—	—	—	—	8	—
25. Lichtenbergmetall	—	—	—	30	—	—	—	—	—	—	—	—	—	—	—	20	50
26. Lippowitzmetall	—	—	—	27	—	—	10	—	—	—	—	—	—	—	—	13	50
27. Magnalium	85	—	—	—	—	—	—	—	15	—	—	—	—	—	—	—	—
28. Manganbronze	—	—	—	—	—	—	—	70	—	30	—	—	—	—	—	—	—
29. Manganin[5]	—	—	—	—	—	—	—	—	—	—	—	—	—	—	—	—	—
30. Messing	—	—	—	—	—	—	—	70	—	—	—	—	—	—	30	—	—
31. Muntzmetall[6]	—	—	—	—	—	—	—	—	—	—	—	—	—	—	—	—	—
32. Nickelin	—	—	—	—	—	—	—	54	—	—	26	—	—	—	20	—	—
33. Nickelmünzen	—	—	—	—	—	—	—	75	—	—	25	—	—	—	—	—	—
34. Phosphorbronze	—	—	—	—	—	—	—	77,5	—	—	—	0,5	—	—	—	22	—
35. Réaumurmetall	—	70	—	—	30	—	—	—	—	—	—	—	—	—	—	—	—
36. Rheostan[7]	—	—	—	—	—	—	—	—	—	—	—	—	—	—	—	—	—
37. Rosemetall	—	—	—	25	—	—	—	—	—	—	—	—	—	—	—	25	50
38. Rotguß	—	—	—	—	—	—	—	82	—	—	—	—	—	—	8	10	—
39. Rotgußbronze	—	—	—	—	—	—	—	—	—	—	—	—	—	—	—	—	—
40. Säurebronze[8]	—	—	—	—	—	—	—	—	—	—	—	—	—	—	—	—	—
41. Schlaglot[9]	—	—	—	—	—	—	—	—	—	—	—	—	—	—	—	—	—
42. Schnellot[10]	—	—	—	—	—	—	—	—	—	—	—	—	—	—	—	—	—
43. Schrot	—	—	0,3	99,7	—	—	—	—	—	—	—	—	—	—	—	—	—
44. Silbermünzen	—	—	—	—	—	—	—	10	—	—	—	—	90	—	—	—	—
45. Siliziumbronze	—	—	—	—	—	—	—	77,5	—	—	—	—	—	0,5	—	22	—
46. Stahlbronze[11]	—	—	—	—	—	—	—	—	—	—	—	—	—	—	—	—	—
47. Tombak	—	—	—	—	—	—	—	90	—	—	—	—	—	—	10	—	—
48. Weichlot	—	—	—	50	—	—	—	—	—	—	—	—	—	—	—	50	—
49. Weißmetall	—	11	—	—	—	—	—	4	—	—	—	—	—	—	—	85	—
50. Woodmetall	—	—	—	25	—	—	12,5	—	—	—	—	—	—	—	—	12,5	50

1) Vgl. Antifriktionsmetall.   2) Vgl. Messing.   3) Vgl. Aluminiumbronze.
4) Vgl. Argentan.   5) Mangan-Nickel-Legierung.   6) Vgl. Eichmetall.   7) Vgl.
Argentan.   8) Vgl. Aluminiumbronze.   9) Vgl. Hartlot.   10) Vgl. Weichlot.
11) Vgl. Aluminiumbronze.

nur in der Kälte mechanisch bearbeiten, da es bei Rotglut spröde ist. Durch Beizen mit Schwefelsäure, sogenanntes Gelbbrennen, wird die Oberfläche des Messings glänzend. Über Vermessingnungen vgl. S. 131. Verwandte Legierungen des Messings sind Bugmessing, Rotguß, Tombak, Hart- und Schlaglot, ferner Delta- und Duranametall. Deltametall ist gegen chemische Einflüsse sehr widerstandsfähig. Es ist eines der vielen Lagermetalle, wie Weißmetall, Antifriktionsmetall, Babbitmetall usw. Duranastahl läßt sich schmieden, walzen und gießen. Auch Sterro-, Muntz- und Eichmetall sind dem Messing verwandte Legierungen. Aluminiummessing ist billiger als gewöhnliches Messing, sonst diesem aber fast völlig gleichwertig. — Das Aluminiumsilber ist eine harte biegsame Legierung, die zur Herstellung von Messerklingen dient. Eine andere Aluminiumlegierung, das Magnalium, dient vielfach als Ersatz für Messing bei Instrumenten. — Réaumurmetall ist eine so harte Legierung, daß sie bei Berührung mit der Feile Funken gibt. — Bleilegierungen sind Weich- oder Schnellot und Schrot.

E. Die Rostschutzmittel.

1. Allgemeines.

Wir haben nun gesehen, daß die Edelmetalle, infolge ihrer geringen Affinität zum Sauerstoff, sich an der Luft gut halten. Ebenso zeigen einige unedle Metalle, wie Nickel und Zinn, keine Veränderung an der Luft; andere wieder, wie Blei, Kupfer und Zink, überziehen sich an der Luft mit einer Schicht des betreffenden basisch kohlensauren Salzes, unter der das Metall geschützt, keine weitere Veränderung erleidet. — Aber gerade das Eisen, das meistgebrauchte Metall, wird an der Luft stark angegriffen, es rostet, wie wir zu sagen pflegen. In trockener Luft hält sich das Eisen bei gewöhnlicher Temperatur gut (in der Hitze bildet sich, wie bereits erwähnt, Fe_3O_4, verbranntes Eisen, Hammerschlag), in feuchter Luft entsteht der Rost, der mit Ferrihydroxyd $Fe(OH)_3$ stofflich übereinstimmt. Zunächst entsteht an der Luft in Gegenwart von Wasserdampf und Kohlendioxyd das saure Ferrokarbonat $FeH_2(CO_3)_2$, das sich dann mit Wasserdampf und Sauerstoff in Ferrihydroxyd und Kohlendioxyd umsetzt:

$$4\,FeH_2(CO_3)_2 + 2\,O + 2\,H_2O = 4\,Fe(OH)_3 + 8\,CO_2.$$

Das spezifische Gewicht des Rostes ist 4, dasjenige der Eisensorten 7,2—7,9; daher ist die Rostbildung immer mit einer bedeutenden Raumausdehnung verbunden.

Die Rostbildung erfolgt also an der Luft in Gegenwart von Wasserdampf; befördert wird die Rostbildung noch durch vagabundierende elektrische Ströme sowie durch die Gegenwart von Salzlösungen, z. B. das im Meereswasser enthaltene Magnesiumchlorid. Die Rostschicht des Eisens bildet nicht, wie bei Blei, Kupfer und Zink, eine schützende

Hülle über dem Metall, sondern die Zerstörung geht ständig weiter. Die Rostbildung tritt um so leichter ein, je reiner das Eisen ist. Daher rostet das schmiedbare Eisen rascher als das Gußeisen, das mehr Kohlenstoff enthält. Flußeisen rostet leichter als Schweißeisen, ebenso beobachtet man, daß das geschmiedete Eisen weniger rostet als das gewalzte.

Während gewöhnlicher Kalkmörtel das Eisen angreift, ist dies bei Zement nicht der Fall; der Zement löst sogar etwa vorhandenen Rost auf (Eisenbeton). Es ist dies für Bauzwecke besonders wichtig.

Dampfkessel, die längere Zeit außer Betrieb gesetzt werden sollen, schützt man vor der Rostbildung entweder durch die Naß- oder Trockenbehandlung.

Bei der Naßbehandlung füllt man den Kessel mit Wasser, erhitzt dieses, bis die Luft ausgetrieben ist und verschließt dann den Kessel luftdicht. Bei der Trockenbehandlung erwärmt man den leeren Kessel, füllt eine den jeweiligen Verhältnissen entsprechende Menge Chlorkalzium (dieses zieht Wasser an) ein und verschließt luftdicht. Die im Maschinenbau gebräuchlichsten Rostschutzmittel sind schützende Überzüge mit Metallen, Emaille, Anstrichfarben und mit organischen Stoffen.

2. Die Metallüberzüge.

a) Vorbehandlung. Das Überziehen des Eisens mit anderen gegen die Luft gut widerstandsfähigen Metallen erfolgt teils elektrolytisch, teils mechanisch. In jedem Falle muß das zu überziehende Stück gut vorbereitet sein, damit die Metallschicht gleichmäßig haften bleibt [1]. Diese Vorbereitung ist sowohl mechanischer als auch chemischer Natur. Es ist Bedingung, daß die zu überziehenden Metallstücke glatte gleichmäßige Flächen besitzen und vollständig frei von Oxyden, Fettschichten oder sonstigen Verunreinigungen sind. Zur Erzielung einer glatten Oberfläche wird mit Kratzbürsten, Sandstrahlgebläsen, Schmirgelscheiben behandelt und mit Wiener Kalk poliert (Abb. 76—79).

Die chemische Vorbehandlung besteht in der Entfernung der anhaftenden Oxyde einerseits, der Fetteile, bedingt durch die mechanische Behandlung, andererseits. Zur Beseitigung der Oxyde wird das betreffende Eisenstück mit einer 5 %igen Schwefelsäure gebeizt, dann mit Soda oder anderen Alkalien neutralisiert und mit Wasser gewaschen, darauf in Sägemehl getrocknet. Bei stärkerer Rostschicht empfiehlt sich auch, als Beize eine 10 %ige Zinnchloridlösung zu verwenden, der etwas Weinsäure zugesetzt ist. Durch die gleichzeitige mechanische Behandlung (Kratzbürste, Scheuern) kann die zum Beizen erforderliche Zeit bedeutend abgekürzt werden.

---

[1] Man nimmt an, daß das Eisen sich mit dem Metallüberzug zum Teil legiert.

Die Entfettung erfolgt unmittelbar nach der mechanischen Behandlung. Für tierische und pflanzliche Fette wird mit heißer 10%iger Natronlauge behandelt; heiße Sodalösung wirkt langsamer. Mineralöl-

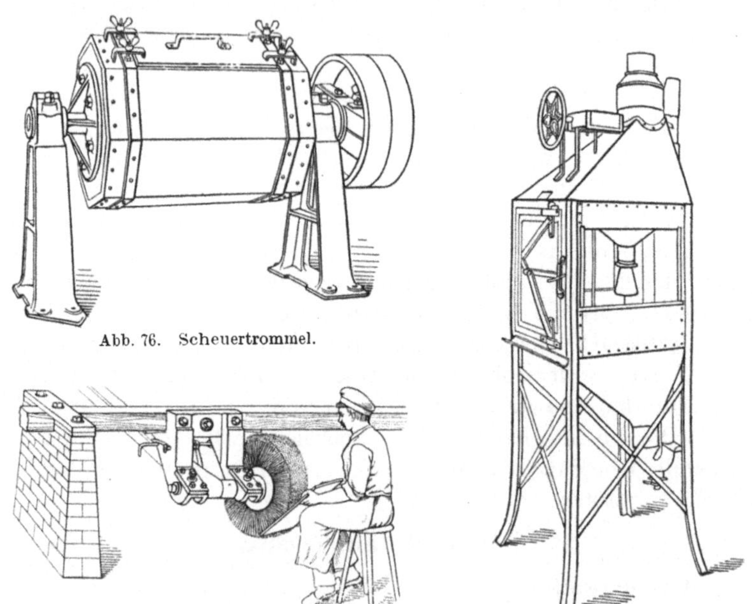

Abb. 76. Scheuertrommel.

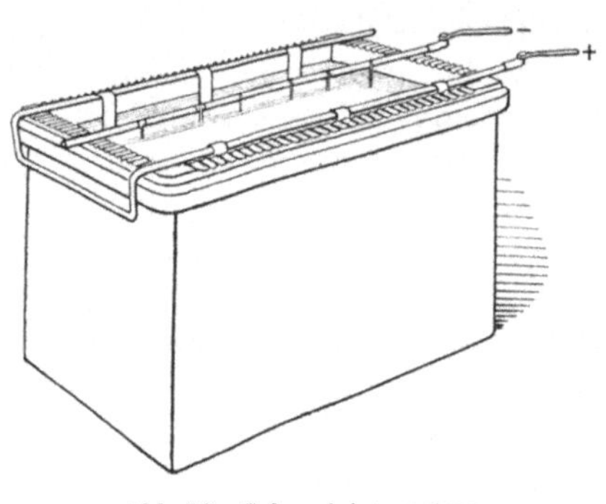

Abb. 77. Blechpoliermaschine.   Abb. 78. Sandstrahlgebläse.
(Nach Pfannhauser, Galvanotechnik.)

Abb. 79. Galvanisierungstrog.
(Nach Pfannhauser, Galvanotechnik.)

bestandteile werden dagegen durch Lösung in Benzin oder Petroleum entfernt. Auch gleichzeitige Beizung und Entfettung auf elektrischem Wege ist von der Vereinigten Elektrischen Gesellschaft Wien-Budapest erfolgreich versucht worden [vgl. Langbein, Handbuch der elektrolytischen (galvanischen) Metallniederschläge, Leipzig 1906]. Man benutzt als Elektrolyten eine Lösung, die 20% Kochsalz und Glaubersalz enthält, so daß sich also beim Stromdurchgang an der Kathode Na-Ionen (Umsetzung zu NaOH) und an der Anode Cl- bzw. SO_4-Ionen bilden. Hängt man nun die zu reinigenden Eisenstücke (Bleche) als Kathode in das Bad, so wird durch die Natronlauge die Entfettung bewirkt, und bei der darauffolgenden Stromrichtungsumkehrung, bei der die Bleche zur Anode werden, erfolgt die Beizung durch die Säuren.

Da bei der Entfettung leicht wieder geringe Oxydationen erfolgen, die der nachträglichen Elektrolyse hinderlich sein könnten, so wird nunmehr dekapiert, d. h. die Oxydschicht entfernt, indem man die Eisenstücke mit 5%iger Schwefelsäure nochmals behandelt. Bei Kupfer-, Messing- und Bronzegegenständen dekapiert man mit einer 3%igen Zyankaliumlösung.

b) **Metallüberzüge durch Elektrolyse**[1]. Zur Vernickelung verwendet man als Anode Platten aus reinstem gegossenen oder gewalzten Nickel, als Elektrolyten eine Nickelsalzlösung, für deren Herstellung außerordentlich viele bewährte Angaben bestehen. Es wird meistens mit Nickelammoniumsulfat gearbeitet, die Sättigung der Lösung schwankt zwischen 4—8%; zur Verringerung des elektrischen Widerstandes der Lösungen setzt man noch ein sogenanntes Leitungssalz zu, z. B. Ammoniumsulfat, Magnesiumsulfat usw. Nur destilliertes Wasser ist zu verwenden. — Für gewisse Arten der Schnellvernickelung werden die Bäder erwärmt. Manche Techniker empfehlen, auch Eisengegenstände erst zu verkupfern bzw. zu vermessingnen zur Erzielung größerer Rostsicherheit. Sonst werden nur Blei, Neusilber, Zink und Zinn vor der Vernickelung mit Kupfer bzw. Messing überzogen.

Für die elektrolytische Verkupferung bzw. Vermessingnung gibt Langbein in seinem genannten Buche folgende Bäder an:

Verkupferung:	Vermessingnung:
250 g kristallisierte Soda,	150 g Kupferkaliumzyanid (krist.),
200 g pulv. saures Natriumsulfit,	165 g Zinkkaliumzyanid (krist.),
200 g neutr. Kupferazetat,	250 g Natriumsulfit (krist.),
225 g Zyankalium,	20 g Zyankalium,
10 l Wasser,	10 l Wasser,
Stromdichte 0,35 Amp.,	Stromdichte 0,3 Amp.,
Stromspannung 3 Volt für 10 cm Elektrodenentfernung,	Stromspannung 3 Volt für 10 cm Elektrodenentfernung,
Anode aus Kupferblech.	Anode aus gegossenem Messing.

Die fertig vernickelten Eisenstücke werden mit Wasser abgespült und mit erwärmten, möglichst gerbsäurearmen Sägespänen (Ahorn, Linde, Pappel) getrocknet. Meist erfolgt noch eine Nachtrocknung im Trockenschrank bei etwa 100°. Der Hochglanz wird auf Polierscheiben erzeugt, die mit Tuch, Flanell oder Filz belegt sind, mit Wiener Kalk, Pariser Rot und Stearinöl, sowie mittelst Polierstahls. Ähnlich werden Verkupferungen und Vermessingnungen nachbehandelt, die keinen weiteren Überzug erhalten. Die polierten Stücke (bei allen genannten Metallüberzügen) werden mit Seifenwasser oder Benzin von den Polierstoffen gereinigt.

---

[1] Sogenannte „Galvanotechnik".

Verkupferungen und Vermessingungen werden bei Eisen- (und Zink-) Blechen für gewisse Verwendungszwecke ausgeführt, Vernickelungen für Eisenbleche und -drähte, Werkzeuge und Armaturen. Zum Zwecke des Rostschutzes werden Eisenbleche häufig entsprechend obigem Verfahren verzinkt bzw. verzinnt. Die hierzu erforderlichen Bäder enthalten Zink- bzw. Zinnchlorid als Elektrolyten und Zink bzw. Zinn als Anoden. Verzinktes Eisenblech wird „galvanisiertes Blech" genannt; außerdem verzinkt man oft Maschinenteile (Zentrifugen), Röhren, Drähte, schmiedeeiserne Träger, Stahlbänder, Schrauben, Muttern, Nieten, Nägel u. a. m. — Verzinntes Eisenblech bezeichnet man als „Weißblech". — Die galvanischen Überzüge mit Blei, Arsen, Antimon, Silber, Gold und Platin haben für den Maschinenbau eine geringere Bedeutung.

c) Metallüberzüge durch Kontakt. Wir hatten die Umsetzung von Kupfernitrat und Eisen in Eisennitrat und Kupfer durch die größere Affinität des Eisens zum Salpetersäurerest erklärt. Wir können aber auch annehmen, daß das Eisen beim Eintauchen in das Bad negativ elektrisch geladen wird, wodurch die positiven Kupferionen angezogen und auf dem Eisen niedergeschlagen werden.

Wesentlich anders verläuft der Vorgang, wenn zwei Metalle durch eine Flüssigkeit in Berührung (Kontakt) kommen: Tauchen wir z. B. in eine Silberlösung ein Kupfer- und ein Zinkblech ein, so entsteht ein elektrischer Strom, der am Kupferblech Silberionen abscheidet und andererseits Zinkionen in Lösung bringt. — Durch frühere Versuche wissen wir, daß aus salpetersaurem Silber und Kupfer das salpetersaure Kupfer und Silber entsteht, das Kupfer geht also in Lösung und das Silber scheidet sich aus. — Bei obigem Kontaktverfahren bewirken wir die Silberausscheidung, ohne daß das Kupfer in Lösung geht; die Umsetzung ist mit Hilfe des Zinks erfolgt, durch die sogenannte Kontaktwirkung. Auch einige andere Metalle zeigen solche Kontaktwirkungen, insbesondere das Aluminium und das Magnesium. — Hiervon macht man Anwendung, um Metalle auf anderen in schützenden Schichten abzutragen, also Metallüberzüge durch Kontakt zu erzeugen.

Zur Vernickelung wird z. B. in einem Kupferkessel eine Zinkchloridlösung erhitzt, dann Salzsäure und Zinkstaub zugefügt, bis das Kupfer verzinkt ist. Darauf setzt man so lange Nickelammoniumsulfat hinzu, bis das Bad deutlich grün gefärbt ist. Taucht man nunmehr das zu vernickelnde Eisenstück in das Bad ein, unter gleichzeitiger Hinzufügung von Zinkstückchen, so wird durch die Kontaktwirkung das Nickel auf dem Eisen abgeschieden. Man kocht im Bade 15 Minuten lang und behandelt dann wie bei der Galvanisierung weiter. — Bei der Verkupferung wird ein alkalisches Bad verwendet, das Kupfervitriol und Zyankalium enthält; bei der Vermessingnung muß außerdem noch Zinksulfat zugegen sein. Die Verzinkung erfolgt entsprechend mit Zinksulfat. Bei der Kontaktverzinnung benutzt man Zinnchlorür und Weinstein.

d) **Mechanische Metallüberzüge.** Nach diesem Verfahren werden vorwiegend Zink, Zinn und Blei auf das Eisen als schützende Schicht abgetragen.

Zum Verzinken von Eisendraht (vgl. Hütte, Taschenbuch für Eisenhüttenleute, S. 884) werden die Drähte parallellaufend zunächst durch zwei hintereinanderliegende, aus säurefestem Sandstein· hergestellte Tröge geführt, die mit verdünnter Salzsäure gefüllt sind. Die so gebeizten Drähte gehen dann durch ein Bad mit geschmolzenem Zink (Temperatur 425—475°). Der Zinkverbrauch ist am geringsten, wenn der Draht sich mit einer derartigen Geschwindigkeit vorwärts bewegt, daß er kurz vor Verlassen des Zinkbades dessen Temperatur annimmt. Die tief gerillten Scheiben, auf denen der verzinkte Draht aufgehaspelt wird, haben maschinellen Antrieb, wodurch die Bewegung der Drähte durch die Verzinkungsstraße erfolgt. Der Stoffverbrauch beträgt, bezogen auf das Gewicht des verarbeiteten Drahtes, 0,235 % Säure und 0,75 % Zink.

Für die Blechverzinkung werden die Eisenbleche erst gut mit Säure gebeizt, dann in Salmiaklösung gelegt und schließlich in ein Bad mit geschmolzenem Zink getaucht, das zum Schutz gegen Oxydationen mit Salmiak bedeckt ist. Die so erhaltenen galvanisierten Eisenbleche finden zur Dachdeckung Verwendung.

Zur Verzinnung von Eisenblechen werden dieselben (meistens Flußeisenbleche) erst mit Säure gründlich gebeizt, dann gespült und getrocknet, hierauf in Flammöfen auf helle Rotglut erhitzt und mit polierten Hartwalzen glänzend gewalzt. Es folgt nun ein nochmaliges Glühen, um die durch das Walzen entstandene Sprödigkeit zu beseitigen, dann wird wieder gebeizt, um neugebildete Oxyde zu entfernen und nach gründlicher Neutralisation und Wasserspülung, Eintauchen in das Zinnbad, das zur Vermeidung von Oxydationen mit einer Schicht von Zinnchlorid bedeckt ist. Hierauf wird das Blech sofort gewalzt, wobei das überschüssige Zinn in das Zinnbad zurückfließt. Das so verzinnte Eisenblech, sogenanntes Weißblech, findet in der Spenglerei ausgedehnte Verwendung. Auch Verzinnungsmaschinen sind gebräuchlich, bei denen die sämtlichen beschriebenen Einzelverfahren mechanisch ausgeführt werden. Ganz entsprechend werden Drähte, Nägel und Gußteile verzinnt[1].

Auch das Verbleien von Eisenblech erfolgt in einer ganz ähnlichen Weise[2].

3. Emailleüberzüge.

Je nach den zu verarbeitenden Gegenständen unterscheidet man Platten- und Geschirremaillirerei. Die praktische Ausführung

---

[1] Ganz ähnlich wird das Kupfer verzinnt.

[2] Zu den mechanischen Metallüberzügen gehören auch die Nickelplattierungen, bei denen Eisenplatten mit dünnen Nickelplatten vereinigt und zu Blechen ausgewalzt werden. In ähnlicher Weise werden Kupferplatten mit Gold oder Silber oder auch mit Aluminium plattiert.

des Verfahrens besteht darin, daß die Eisengegenstände erst gut gebeizt und entfettet und darauf mit der mit Wasser angerührten Emailliermasse bedeckt werden, die dann, im Ofen schmelzend, die Glasur bildet. Als Emailliermasse werden die verschiedensten Gemische gebraucht. Bleihaltige Glasuren sind für Speisegeschirre wegen der Giftigkeit zu vermeiden. In vielen Fällen empfiehlt es sich, erst eine Grundmasse aufzutragen, die mit dem Eisen in unmittelbare Berührung kommt, und darüber eine Deckmasse zu legen.

Als Grundmasse benutzt man ein Gemisch von 30 Teilen Feldspat und 25 Teilen Borax, das zusammengeschmolzen und feinst gepulvert mit 10 Teilen Ton, 6 Teilen Feldspat und 2 Teilen Magnesiumkarbonat vermengt und mit Wasser angeteigt wird. Als Deckmasse verwendet man das zusammengeschmolzene Gemisch von 38 Teilen Quarzpulver, 28 Teilen Borax, 30 Teilen Zinnoxyd, 25 Teilen Soda und 10 Teilen Salpeter. Die gleichmäßig aufgetragene Masse wird getrocknet und dann im Ofen bis zum Übergang in den teigartigen Zustand erhitzt, darauf sorgfältig gekühlt, um das Entstehen von Rissen zu vermeiden. Für die Herstellung von Schildern werden Schrift und Verzierungen durch Oxyde verschiedener Metalle buntfarbig aufgetragen. — Emaillierte Gegenstände müssen vor Stoß geschützt werden, da sonst leicht Rißbildung eintritt, die ein Rosten des darunter befindlichen Metalls zur Folge haben kann.

4. Ölfarbenüberzüge.

Zu Ölfarbenanstrichen werden die Eisenstücke ebenfalls erst gut gereinigt, namentlich von Oxydschichten, Guß- und Walznähten und Gießsand. — Reiner Leinölfirnis gibt leicht einen blätternden Anstrich, man setzt daher Bleimennige Pb_3O_4, Eisenmennige Fe_2O_3 oder Graphit zu und läßt dem Grundanstrich einen zweiten folgen, bestehend aus Leinölfirnis mit Bleiweiß, Graphit, Zinkstaub oder Kreide. Man bezeichnet den ersten Anstrich wohl auch als Grund-, den zweiten als Deckfarbe. Für letzteren Zweck liefern die chemischen Fabriken fertige Gemische in allen gewünschten Farbtönen von sehr verschiedener Zusammensetzung und jedem erforderlichen Grad der Haltbarkeit.

Um einen gleichmäßigen Überzug zu bekommen, müssen Vertiefungen und poröse Stellen erst mit Spachtelkitt ausgefüllt werden, einem Gemisch von Kreide, Bleiweiß, Leinöl und Terpentin, das mit dem Spachtel aufgetragen wird, einem aus Holz oder Eisen bestehenden Werkzeug mit gerader Streichkante zum Ausbreiten des Kittes. Letzterer wird nach dem Trocknen mit Glaspapier abgeschliffen und dann erst die Farbe aufgetragen.

5. Organische Überzüge.

Es sind dies Stoffe, die entweder unmittelbar tierischen oder pflanzlichen Ursprungs sind, oder aus solchen dargestellt werden. Hierher gehört:

a) Einfetten mit Talg oder Bleiweißzusatz. Der Talg darf aber nicht ranzig sein (saure Reaktion), weil er sonst das Eisen angreift;

b) Anstreichen mit Terpentin oder Erdölbestandteilen. Dies Verfahren ist aber nur dann anwendbar, wenn die Gegenstände nicht der Sonnenwärme ausgesetzt sind, weil der Anstrich sonst abfließt;

c) Teer, Pech oder Gemische von Teer mit Wachs, Schwefel, ferner Graphitanstriche;

d) Kautschuk in Terpentinöl oder Guttapercha in Benzin. Hartgummi und Zelluloid für Isolatoren und für Schiffswellen; Zaponlack (Schießbaumwolle in Amylazetat) für feinere Apparate, namentlich auch für Kupfer und Messing gebräuchlich).

F. Die Lötverfahren.

Wir haben als Rostschutzmittel die Metallüberzüge kennen gelernt, die mit dem darunter liegenden Eisen (oder sonstigem anderen Metall) an der Berührungsstelle allem Anschein nach eine Legierung bilden. Denkt man sich nun zwei Metallstücke gleichzeitig mit ein und demselben derartigen Überzug bedeckt, so wird eine feste Verbindung beider Metallstücke erreicht. Auf diesem Grundsatz beruht das Löten. Elektrolytische Metallniederschläge zum Zwecke der Verbindung der zu vereinigenden Stücke werden nur selten ausgeführt, meistens wird das Metall im geschmolzenen Zustand mechanisch aufgetragen, man bezeichnet es als das Lot.

Man unterscheidet Weich- und Hartlote. Das gewöhnliche Weichlot ist eine Blei-Zinnlegierung oder reines Zinn; für gewisse Sonderzwecke wird auch Lippowitz- und Woodmetall verwendet. Hartlot ist eine dem Messing ähnliche Kupfer-Zinklegierung. Andere Bezeichnungen sind für Weichlot als Schnellot und für Hartlot als Schlaglot.

Das Lot muß immer so gewählt sein, daß sein Schmelzpunkt möglichst tief unter demjenigen der zu verbindenden Metallstücke liegt. Das Hartlot kann daher nur bei solchen Metallen angewandt werden, die, wie Eisen, Kupfer und Messing, vor dem Schmelzen erglühen. Bei leicht flüssigen Legierungen werden Lippowitz- und Woodmetall verwendet, deren Schmelzpunkt unter dem Siedepunkt des Wassers liegt. — Die Hartlötung gestattet eine nachträgliche Bearbeitung mit dem Hammer, infolge der großen Festigkeit. Aus dem gleichen Grunde kann man auch zwei Blechstücke durch Hartlötung ohne Überlappung der Ränder, also stumpf zusammenstoßend, miteinander verbinden, was bei der Weichlötung unmöglich ist.

Da es sich, wie erwähnt, um eine Legierung des Lotes mit den zu verbindenden Metallen handelt, so müssen die in Betracht kommenden Metallflächen vorher von jeder Oxydschicht befreit werden. Beim

Weichlöten benutzt man hierzu Salzsäure oder besser die Lösung eines Gemisches von Zinkchlorid und Salmiak[1]), auch wohl Kolophonium oder Stearin, zum Hartlöten Borax oder Phosphorsalz (Natriumphosphat). Diese Stoffe sind die „Lötmittel" im Gegensatz zu den „Loten". Die Lötmittel kommen auch in Form sogenannter Lötpasten in den Handel, die das Lötmittel mit Fett vermischt enthalten. Bei manchen dieser Erzeugnisse ist auch das Lot gleich mit vermischt.

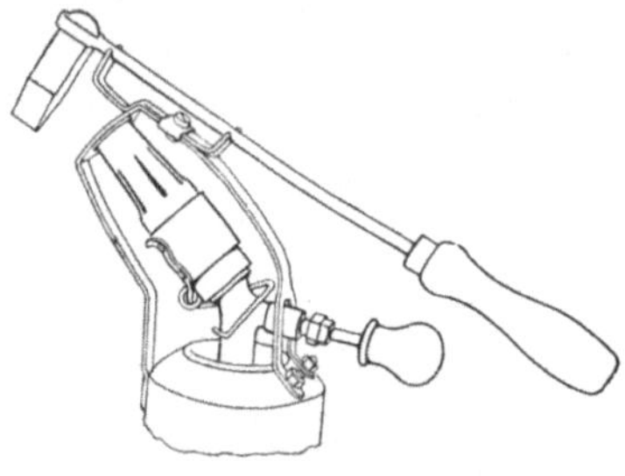

Abb. 80.   Lötkolben[2]).

Im allgemeinen kommen die Lote entweder in Form von Stangen, Fäden oder Schnitzeln in den Handel. Beim Auftragen des Lotes muß die Lötstelle stets mit dem Lötmittel bedeckt sein. Das Lot ist hierbei im flüssigen Zustand anzuwenden, und zwar wird beim Weichlöten mit dem erhitzten Lötkolben, einem hammerförmigen Werkzeug, mit einem Kopf aus verzinntem Kupfer, über das Lot gestrichen, das dabei flüssig wird und sich leicht auf die zu verbindende Stelle mit dem Lötkolben (Abb. 80) übertragen läßt. Statt den Lötkolben immer wieder mit der Lötlampe (Abb. 81) zu erwärmen, kann man ihn auch mit einer Heizvorrichtung versehen, indem man im Handgriff eine Benzin- oder Spirituslampe oder einen elektrischen Widerstand anbringt (Abb. 82). Beim Hartlöten werden die Stücke derartig durch Draht miteinander verbunden, daß die zu ver-

Abb. 81.   Lötlampe.

einigenden Kanten sich berühren, dann trägt man Lot und Lötmittel auf und erhitzt mit der Lötlampe.

Für große Stücke empfiehlt es sich, dieselben in das in einem Herd geschmolzene (mit Lötmittel bedeckte) Lot einzutauchen. Äußerst feine

---

[1]) Lötwasser.
[2]) Die Abb. 80—82 stellen Apparate der Firma Gustav Barthel in Dresden dar.

kleinere Gegenstände werden mit Silber gelötet (auch solche aus Eisen, die keine sichtbare Lötstelle haben sollen). Da man nun solche kleine Gegenstände weder in das Feuer bringen, noch mit der Zange anfassen kann, so erwärmt man sie mittelst eines Lötrohrs (Blasrohr) in der Spiritus- oder Gasflamme (Abb. 83). Das Kupfer wird mit Zinnlot weich und mit Schlaglot hart gelötet, ebenso wie das schmiedbare Eisen. Das Gußeisen wird mit Zinn weich gelötet; zur Hartlötung

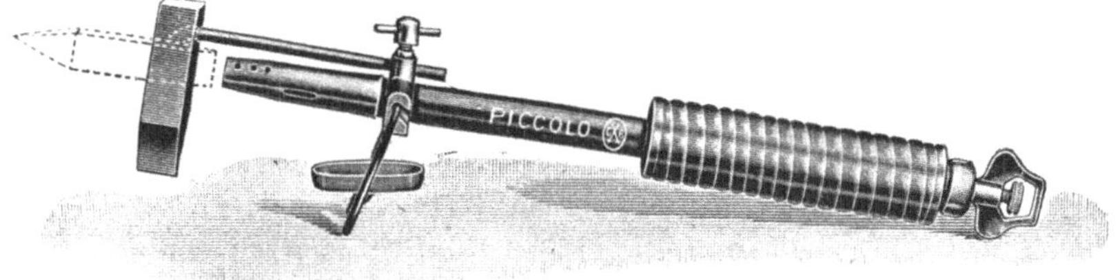

Abb. 82. Lötkolben mit Heizvorrichtung.

mit Messingschlaglot wird die Lötstelle vorher mit oxydierenden Mitteln (Ferrofix genannt) behandelt, um sie in schmiedbares Eisen durch Kohlenstoffentziehung zu verwandeln. Zinn und Zink werden mit Zinn oder Zinnlegierungen gelötet, das Platin mit Gold. Für Blei ist meist, besonders bei Akkumulatoren, die Lötung mit dem Knallgasgebläse, also ohne Lot, gebräuchlich, welches Verfahren auf dem raschen

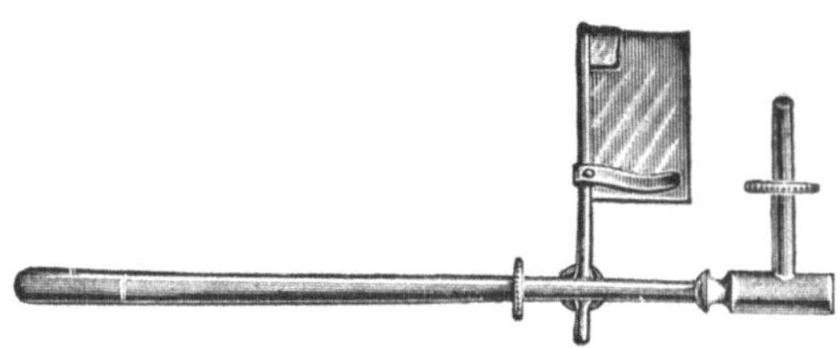

Abb. 83. Lötrohr.

Zusammenschmelzen der Ränder der zu vereinigenden Bleistücke beruht. Nur ganz vereinzelt wird das Blei mit Zinn gelötet.

Die Verfahren zur Lötung des Aluminiums sind außerordentlich verschieden, ein allen Anforderungen genügendes Verfahren gibt es bis jetzt kaum. — Sehr empfohlen wird der allerdings recht umständliche Weg, die Lötstellen erst elektrolytisch zu verkupfern, dann mit Schlaglot zu löten. Ein amerikanisches Aluminiumlot (G. Hartmann in Neuyork) besteht aus 17% Aluminium, 2,3% Magnesium, 0,7% Nickel und 80% Zinn. Ein brauchbares Weichlot für Aluminiumbronze wird aus 44,5% Zink und 55,5% Kadmium, und ein Hartlot für diese Legierung aus 52% Kupfer, 46% Zink und 2% Zinn hergestellt.

G. Die Schweißverfahren.

Das Schweißen ist die Vereinigung zweier Metallstücke im hocherhitzten Zustand, wobei, im Gegensatz zum Lötverfahren, kein anderes Metall zur Herstellung der Verbindung gebraucht wird. Für uns ist das Schweißen des schmiedbaren Eisens am wichtigsten. — Wir unterscheiden vier Schweißverfahren, nämlich: Ofenschweißung, Thermitschweißung, Autogenschweißung und Elektroschweißung.

1. Ofenschweißung.

Die Schweißtemperatur liegt für Schmiedeeisen bei Weißglut, für Stahl bei Rotglut; zu hoch erhitzter Stahl verbrennt (vgl. verbranntes Eisen). Zum Erhitzen dient ein Koksfeuer mit Gebläse, auch Wassergasschweißung (Wassergas, das in einer Düse mit Luft gemischt ist) wird angewandt. Die zu verbindenden Metallflächen müssen auch hier frei von Oxyd sein. Um die Bildung desselben zu verhüten, oder etwa vorhandenes zu beseitigen, wendet man die Schweißpulver[1]) an, die die zu vereinigenden Flächen bedecken, bis die Schweißung erfolgt.

Als Schweißpulver für Stahl dient ein Gemisch von

> 40% Borax,
> 35% Kochsalz,
> 15% gelbes Blutlaugensalz,
> 10% kalzinierte Soda.

Für Schmiedeeisen gebraucht man dagegen ein Gemisch von

> 50% Borax,
> 25% Salmiak und
> 25% Wasser.

Dasselbe wird gekocht und, nachdem es erhärtet ist, mit $^1/_3$ rostfreien Eisenfeilspänen vermengt.

Die Vereinigung der beiden zusammenzuschweißenden Eisenstücke, die auf die angegebene Temperatur erhitzt sind, erfolgt dann unter dem Schmiedehammer bzw. der Schmiedepresse.

2. Thermitschweißung.

Bereits vor Einführung des Thermitverfahrens war in Amerika versucht worden, die für die Verschweißung von Eisenbahnschienen erforderliche Temperatur durch Umgießen mit hochüberhitztem, sehr dünnflüssigem Gußeißen zu erreichen.

Das Thermitverfahren von Th. Goldschmidt, A.-G., in Essen (Ruhr) beruht darauf, daß das Aluminium ein gutes Reduktionsmittel ist, indem es anderen Metalloxyden den Sauerstoff entzieht und dabei in Aluminiumoxyd Al_2O_3 übergeht. Bei der Umsetzung wird, infolge der hohen Verbrennungswärme des Aluminiums von 7200 WE.,

---

1) Flußmittel.

eine Temperatur von 3000° erzeugt, die man zum Schweißen nutzbar macht. Als Metalloxyde kommen diejenigen des Eisens, des Chroms und des Mangans in Betracht; die Mischung derselben mit Aluminium ist die sogenannte Thermitmasse oder kurz das Thermit (Eisenthermit, Chromthermit, Manganthermit). Die Umsetzung beim Eisenthermit ist z. B.:

$$Al_2 + Fe_2O_3 = Al_2O_3 + Fe_2.$$

Ebenso würde bei Anwendung der anderen Thermite reines metallisches Chrom bzw. Mangan entstehen; auch Molybdän, Wolfram und viele andere, sonst schwer darstellbare Metalle lassen sich auf diesem Wege vollkommen rein herstellen. — Das Aluminiumoxyd Al_2O_3, das als zweiter Bestandteil der Umsetzung entsteht, scheidet sich als künstlicher Korund ab und wird unter dem Namen Korubin als Schleifmittel gebraucht.

Zum Thermitschweißverfahren wird das betreffende Metalloxyd und das Aluminium, beide in Pulverform gemischt, in einen Tontiegel mit Magnesiafutter zur Entzündung gebracht. Als Entzündungsgemisch gebraucht man Aluminiumpulver mit Bariumsuperoxyd BaO_2, das durch ein Sturmstreichholz zum Entflammen gebracht wird. Während des Vorganges füllt man ständig Thermit nach, damit die am Boden des Tiegels sich allmählich sammelnde glühende Masse stets bedeckt ist. Der Thermittiegel kann nun entweder durch Kippung oder Bodenöffnung entleert werden. Hierauf beruhen die drei Ausführungsarten der Thermitschweißung, nämlich Stumpfschweißung, Umgießverfahren und kombinierte Schweißung.

a) Stumpfschweißverfahren.

Das Stumpfschweißverfahren, das für Rohre, Wellen und Schienen angewendet wird, besteht im folgenden: Die beiden zu vereinigenden Werkstücke werden je in einer Traverse befestigt, die durch Schrauben-

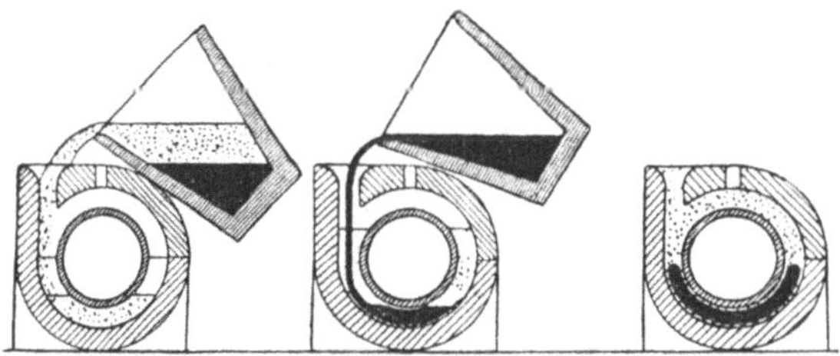

Abb. 84. Stumpfschweißung von Röhren.

spindeln derart verbunden sind, daß beim Anziehen der Schraubenspindelmuttern die zu verschweißenden, metallisch blank gemachten Flächen sich innig berühren. Um die Schweißstelle wird alsdann eine Form gebracht, die das flüssige Thermit aufnimmt. Da der Tiegel hier durch Kippen entleert wird, und daher die Schlacke zuerst in die Form fließt, wird verhindert, daß das später nachfließende Thermiteisen mit der Formwand bzw. dem Werkstück in Berührung kommt; denn die vorher eingefüllte Schlacke erstarrt sofort und läßt das flüssige Eisen nicht mehr durch. Man kann daher Eisenformen verwenden. Die erstarrte Schlacke ist glasartig, so daß das Werkstück durch einige Hammerschläge von der Hülle nach Erkaltung befreit werden

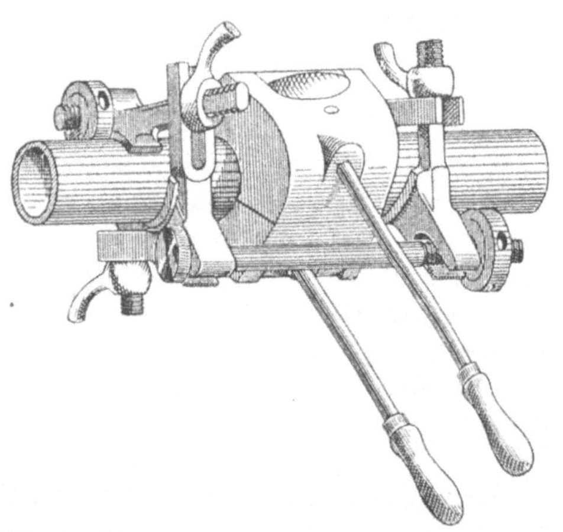

Abb. 85. Einspannvorrichtung für die zu verschweißenden Röhren.

kann. Das Thermit gibt also seine Wärme an das Werkstück ab und bringt dieses auf Schweißhitze, so daß die zu verbindenden Teile durch Stauchdruck vereinigt werden können. Der Stauchdruck wird hervorgerufen durch Anziehen der Spindelmuttern an den Spindeln, die die beiden Traversen miteinander verbinden. Nach Entfernung der abgesprengten, erkalteten Thermitmasse ist an der Schweißstelle nur eine kleine wulstartige Verstärkung bemerkbar, die durch das Stauchen hervorgerufen, sich leicht abarbeiten läßt. Abb. 84 und 85 zeigen das Schweißen von Röhren nach diesem Verfahren nebst der Einspannvorrichtung.

b) Umgießverfahren.

Beim Umgießverfahren wird der Abstich des Thermittiegels mittelst einer Bodenöffnung bewirkt. Es fließt das spezifisch schwerere Thermiteisen zuerst aus und verschmilzt infolge seiner hohen Überhitzung sofort mit allen Metallteilen, mit denen es in Berührung kommt. Daher sind Schamottformen erforderlich, und das Thermiteisen wird sich mit dem Werkstück selbst verbinden, indem es als Zwischenguß eine absichtlich hergestellte größere Lücke zwischen den zu verschweißenden Teilen ausfüllt und eine bleibende Thermitlasche als verstärkenden Wulst um die Verbindungsstelle bildet. Auf diese Weise werden Schienen geschweißt, die bereits eingepflastert sind und nur an den Stößen freigelegt zu werden brauchen, indem man sie an Fuß und Steg verschmilzt; die Schienenköpfe gehen dabei keine metallische Verbindung ein. Die Stoßfuge wird vor dem Guß durch ein fest eingetriebenes Paßblech ausgekeilt, das an seinem unteren Ende später mit der Thermiteisenlasche verschweißt.

Verwendet man das Umgießverfahren zu Ausbesserungen größerer Werkstücke, so ist in jedem Falle zu untersuchen, ob die Bruchstelle mit einer Thermitlasche umschmolzen werden kann, und ob nicht schädliche Spannungen infolge der örtlichen Erwärmung eintreten, die an anderen Stellen des Werkstücks einen Bruch herbeiführen. Es kann dies leicht eintreten, wenn das zu verschweißende Stück keine freien Enden hat, die sich ungehindert ausdehnen können, sondern ein geschlossenes Ganzes bilden, wie z. B. ein Schwungrad. In solchen Fällen muß man durch künstliche Erwärmung der gefährdeten Stellen die Spannungen zu vermeiden suchen. — Abb. 86 zeigt das mittelst Thermit ausgebesserte Lager eines Sauggasmotors.

Abb. 86. Ausbesserung einer Maschine mittelst Thermits.

c) Kombiniertes Verfahren.

Das kombinierte Verfahren ist eine Vereinigung der beiden bisher besprochenen, das zur Verbindung von Straßenbahnschienen bei Neuanlagen in Frage kommt. Die Köpfe werden an der Stoßstelle durch reine Stumpfschweißung vereinigt, Fuß und Steg durch Umgießung. Dieses Verfahren ist vorwiegend bei Straßenbahnschienen anwendbar. Die Ausführung erfolgt in der Weise, daß der Tiegel durch die Bodenöffnung entleert wird, wobei zunächst das Thermiteisen ausfließt und Fuß und Steg bedeckt, dann die Schlacke, die den Kopf an der Stoß-

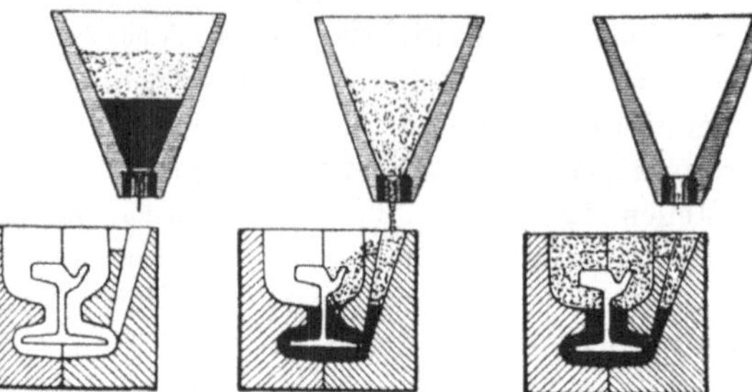

Abb. 87

Abb. 88.

Abb. 89.
Abb. 87—89. Schienenschweißung nach dem kombinierten Thermitverfahren.

stelle verschweißt (Abb. 87—89). Außer zur Schweißung, findet das Thermitverfahren auch in der Hüttentechnik verschiedene Verwendung, namentlich zur Vermeidung der Lunkerbildung (Hohlräume in den Gußstücken).

3. Autogenschweißung.

Die Autogenschweißung (autogen = selbsterzeugend) verbindet die Stücke ohne Schweißmittel und ohne Hämmern, Pressen oder sonstige mechanische Bearbeitung der Schweißenden. Das Verfahren beruht auf der hohen Verbrennungswärme von Wasserstoff, Azetylen-Benzin, Leuchtgas usw. im reinen Sauerstoff, so daß die Schweißenden zusammenschmelzen. Hauptsächlich werden Wasserstoff-Sauerstoffschweißung einerseits, und Azetylen-Sauerstoffschweißung andererseits angewendet.

a) Wasserstoff-Sauerstoffschweißung.

Der Wasserstoff hat, wie erwähnt, für das Kilogramm einen Heizwert von 34100 WE.; man kann im Knallgasbrenner, in dem H und O in geeigneter Weise vereinigt werden, die höchsten Temperaturen erzeugen. Bei dem früher ausschließlich benutzten Daniellschen Hahn (Abb. 90),
der aus zwei ineinandergeschobenen
Röhren a und b besteht, die in
der Düse d endigen, wird der
Wasserstoff durch a, der Sauerstoff

Abb. 90. Knallgasbrenner.

durch b zugeführt, die an der Düse sich vereinigend die sehr heiße Flamme geben, die man zum Platinschmelzen und Bleilöten benutzt, sowie zum Kalklicht. Letzteres beruht darauf, daß ein Stück Kreide im Knallgasgebläse erhitzt, in helle Weißglut gerät, die zu Lichtsignalen (Scheinwerfern) und für Lichtbilderapparate benutzt wird. — Für Schweißzwecke ist der Knallgasbrenner der Drägerwerke (Lübeck)

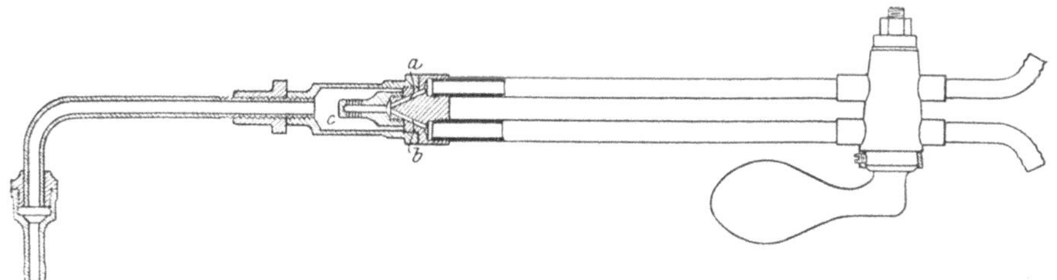

Abb. 91. Drägerbrenner.

geeigneter (Abb. 91), bei dem beide Gase vor Austritt miteinander gemischt werden. Wasserstoff und Sauerstoff treten durch die spitzwinklig zulaufenden Kanäle a und b in die Mischkammer c ein. Durch die saugende Wirkung der beiden Gase aufeinander ist ein Rückschlagen des einen in die Leitung des anderen ausgeschlossen.

Der Durchmesser der aufgeschraubten Mundstücke muß der austretenden Gasmenge bzw. der Stärke der zu schweißenden Bleche angepaßt sein; zu große Austrittsgeschwindigkeit stört die in Fluß befindlichen Massen, zu geringe hat ein Zurückschlagen der Flamme zur Folge. — Damit beim Schweißen keine Oxydation der Arbeitsstücke stattfindet, darf das Verhältnis der Mischung zwischen dem Wasserstoff und Sauerstoff nicht zwei Teile H und ein Teil O sein, sondern vier Teile H auf ein Teil O[1]). Es ist daher ein unmittelbarer Anschluß des Schweißapparates an die elektrische Wasserzersetzungsanlage ausgescblossen, es sei denn, daß noch anderweitig H erzeugt wird. Man pflegt daher meistens beide Gase in Stahlflaschen unter Druck zu beziehen. Die Zuführung der Gase zu den Schweißbrennern erfolgt dann durch Schläuche. Von besonderer Wichtigkeit ist die Ausrüstung der Stahlflaschen zur Rege-

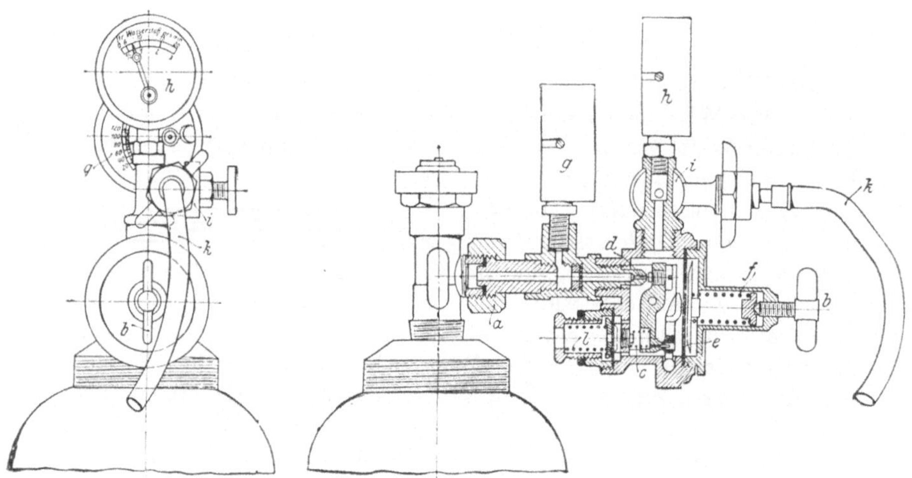

Abb. 92. Dräger-Ventil.

lung der Gaszufuhr und Herstellung des richtigen Mischungsverhältnisses. Das Drägerventil wird mit der Überwurfmutter a an dem Seitenzapfen des Flaschenventils befestigt (Abb. 92). Der gewünschte verminderte Druck wird durch die Regelschraube b eingestellt. Ist diese ganz herausgeschraubt, so drückt die Schließfeder c mittelst doppelarmigen Hebels die Gasaustrittsöffnung d zu; ist b hineingeschraubt, so wird der Hebel derartig betätigt, daß sich der Abschlußkegel von dem Gasaustritt d abhebt. Der entstehende Minderdruck preßt eine Membran e entgegen der Federspannung f nach außen, so daß hierdurch Gleichgewicht zwischen Feder- und Membran-

---

1) Durch dieses Mischungsverhältnis ist für Schweißzwecke die Temperatur der Wasserstoffsauerstoffflamme niedriger als diejenige der Azetylensauerstoffflamme.

druck hergestellt wird. Die Reduzierventile sind mit zwei Manometern
ausgerüstet. Das der Flasche zunächst befindliche Manometer g zeigt
den jeweiligen Füllungsdruck der Flasche an, und hieraus kann man
fortlaufend den Gasinhalt der Flasche berechnen. Das Manometer h
ist mit einer doppelten Teilung versehen und zeigt
die dem Reduzierventil entströmenden Gasmengen
in Litern, oder, was in diesem Falle wichtiger ist,
diejenige Blechstärke an, die bei der betreffenden
Zeigerstellung geschweißt werden kann. Ferner
besitzt das Reduzierventil noch ein Absperrventil i,

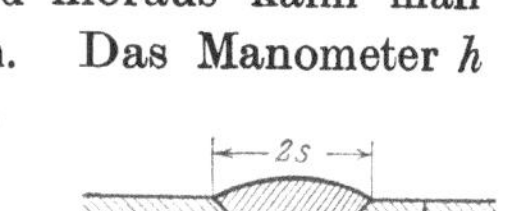

Abb. 93. Schweißung
3—8 mm dicker Bleche.

durch das der Gasstrom bei Arbeitspausen unterbrochen wird. Am
Ventil i befindet sich der Austrittsstutzen, an den der Gasschlauch k
mittelst Flügelmutter angeschraubt ist. Der Gasschlauch führt zum
Brenner. Das Sicherheitsventil l ist auf den höchsten zulässigen Arbeits-
druck eingestellt.

Bei Inbetriebsetzung
wird erst Wasserstoff in den
Brenner eingeleitet und
entzündet, dann Sauerstoff
zugeführt. Der heißeste
Teil der Flamme, der etwa
10 mm von der Brenner-
spitze entfernt liegt, wird
zur Bestreichung der
Schweißenden benutzt, die
hierdurch auf Schweißtem-
peratur gebracht werden.
Bei Blechen bis zu 3 mm
Dicke werden die zu ver-
schweißenden Kanten gut
passend aneinander ge-
stoßen und durch Be-
streichen mit dem Brenner
verbunden. Bei Blechen
von 3—8 mm Dicke wer-
den die Kanten gegen-
einander abgeschrägt und
die entstehende Nut mit
geschmolzenem Schweiß-
draht ausgefüllt (Abb. 93).
Bei 8—10 mm dicken

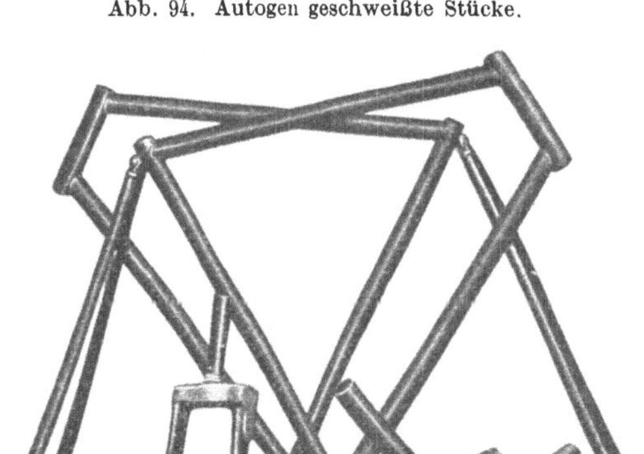

Abb. 94. Autogen geschweißte Stücke.

Abb. 95. Autogen geschweißte Stücke.

Blechen ist Vorwärmung erforderlich, oder, ebenso wie bei noch stärkeren,
Azetylen-Sauerstoffschweißung (vgl. unter b). Sind die Bleche dünner
als 0,2 mm, so muß man den Sauerstoff mit Stickstoff verdünnen, um
zu vermeiden, daß in das Blech Löcher gebrannt werden. Die Abb. 94—95

zeigen Anschlußrohre, sowie Kraftwagen- und Fahrradteile, die nach diesem Wasserstoff-Sauerstoffverfahren geschweißt sind.

Umgekehrt kann man mit Hilfe der Wasserstoff-Sauerstofflamme auch Eisenteile trennen, durch Durchbrennen, oder, wie man zu sagen pflegt, durch autogenes Schneiden. Das Verfahren besteht im wesentlichen darin, daß die zu durchschneidende Stelle mittelst der Wasserstoff-Sauerstofflamme auf die Verbrennungstemperatur des Eisens erhitzt und dann durch Sauerstoff, der unter 30 at Druck dagegen strömt, verbrannt wird.

Durch die Verbrennungswärme des Eisens werden die benachbarten Metallteile geschmolzen und so das ganze Stück in der verlangten

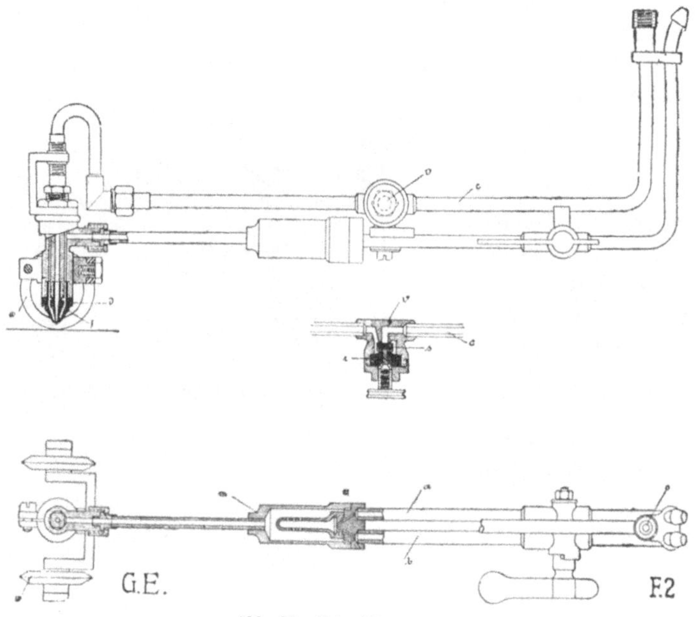

Abb. 96. Schneidbrenner.

Richtung durchgeschnitten (durchgebrannt), indem der Brenner entsprechend weiter bewegt wird. Die Arbeitskosten sind gering, der Schnitt glatt und scharf begrenzt. Vorzeichnung des Schnittes mit dem Körner.

Beim Schneidbrenner der Chemischen Fabrik Griesheim Elektron (Abb. 96) wird die Heizflamme durch die Rohre a (Wasserstoff) und b (Sauerstoff) gespeist. Beide Gase mischen sich in der Kammer m und treten durch das Mundstück d aus, wo durch Entzünden die Heizflamme gebildet wird. Der zum Schneiden dienende Sauerstoff, der mittelst des Rohres c zugeführt wird, tritt durch die Düse f aus. Die innere und äußere Düse sind, auswechselbar und werden der betreffenden Blechdicke angepaßt. Der Wagen w am Brennerkopf ist

eine Führvorrichtung, die es ermöglicht, den Brenner mittelst Lauf-
rollen weiter zu bewegen, entsprechend dem Fortschreiten des Schneide-
verfahrens.

Abb. 97 zeigt den Handschneideapparat des genannten Werkes.
Die Schnittgeschwindigkeit beträgt 180 bis 250 mm/min, die Breite

Abb. 97. Handschneideapparat.

Abb. 98. Brenner für lineare Schnitte.

der Schnittbahn 2—4 mm. Die Abb. 98—99 zeigen Brenner mit
Führung für geradlinige und runde Schnitte. Die wichtigsten Anwendungen sind zum Schneiden von Mannlöchern und Stutzenlöchern

10*

in Eisenblechen, Abschneiden von Profileisen, Schneiden von Panzerplatten, raschen Abbau von alten Brücken u. a. m.

b) Azetylen-Sauerstoffschweißung.

Auch bei diesem Verfahren wird der in Flaschen unter Druch befindliche Sauerstoff verwendet, während das Azetylen am Verbrauchsort selbst
erzeugt wird, z. B. im tragbaren Apparate des Werkes Wwe. Joh.
Schumacher in Köln a. Rh. (Abb. 100). Zur Inbetriebsetzung leitet
man in den Apparat so lange Wasser, bis dasselbe beim geöffneten
Probierhahn G herausläuft. Hier-
auf schließt man den Hahn G und
füllt den Reservekarbidbehälter C_1
mit Karbid (Körnung $4-7$ mm).
Sobald dieser Behälter voll ist,
bewegt man den Doppelschlüssel Y
nach abwärts, wodurch der Abschlußhahn V geschlossen und
gleichzeitig der Verbindungshahn U
geöffnet wird. Nunmehr ergießt
sich der Inhalt von C_1 in den darunter befindlichen eigentlichen Karbidbehälter C. Durch Aufwärts-
bewegung des Doppelschlüssels
wird der Verbindungshahn geschlossen und der Abschlußhahn
wieder geöffnet, worauf man den
leer gewordenen Karbidbehälter
aufs neue füllt. Hierauf füllt man
noch die Wasservorlage W durch
das Trichterrohr T bis zum Pro-

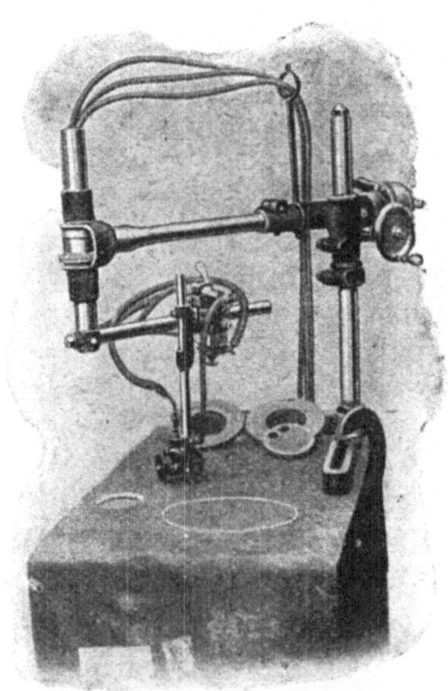

Abb. 99. Brenner für runde Schnitte.

bierhahn S mit Wasser und beschickt den Reiniger, wie in der Zeichnung angegeben, mit der Reinigungsmasse.

Alsdann bewegt man den Anschlag J mittelst des außen am Apparat
befindlichen Hebels etwas nach links, wodurch die Führungsstange E
hinaufgedrückt wird und das in der Einwurfvorrichtung befindliche
Karbid in den Entwickler A fällt. Das sich sofort entwickelnde Azetylen
hebt die Gasglocke B an, die Führungsstange E sinkt herab und die
Einwurfvorrichtung füllt sich von neuem mit Karbid. Der Anschlag J
wird nun mittelst eines Stiftes in seiner höchsten Stellung befestigt,
so daß beim Sinken der Glocke die Einwurfvorrichtung von selbst in
Tätigkeit tritt, sobald die Glocke den tiefsten Stand erreicht hat und
infolgedessen die Stange E durch den Anschlag J emporgedrückt wird.
Um die im Apparat befindliche Luft zu entfernen, öffnet man den
Hahn H und läßt das im Apparat befindliche Gasgemisch mittelst
Gummischlauches ins Freie entweichen, bis in der Glocke nur noch

reines Gas vorhanden ist. Ist der Inhalt des Karbidbehälters C verbraucht, so läßt man durch schnelles Öffnen und Schließen der Hähne U und V den Inhalt des Reservekarbidbehälters in den Behälter C gelangen, so daß auf diese Weise die Neubeschickung mit Karbid während

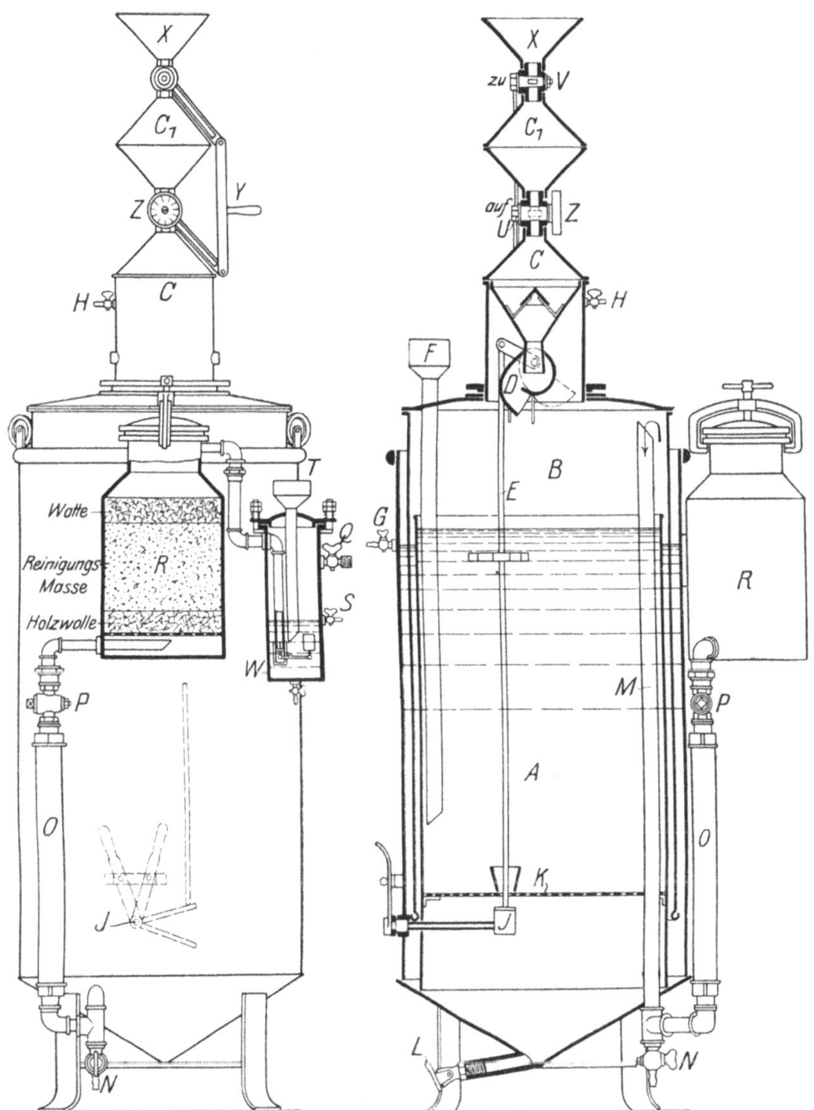

Abb. 100. Azetylenapparat.

A Entwickler, B Gasglocke, C Karbidbehälter, C_1 Reservekarbidbehälter, D Einwurfvorrichtung, E deren Hebel und Führungsstange, F Füllrohr, G Probierhahn, H Entlüftungshahn, J verstellbarer Anschlag, K Sieb, L Schlammhahn, M Gasrohr, N Entwässerungshahn, O Vorreiniger, P Gashahn, R chemischer Reiniger, W Wasservorlage mit Gashahn Q, S Probierhahn, T Füllrohr, U Verbindungshahn, V Abschlußhahn mit Fülltrichter X, Y Doppelschlüssel, Z Zählwerk.

des Betriebes erfolgen kann. Es ist jedoch streng darauf zu achten, daß nicht mehr als drei Füllungen bis zur Erneuerung des Entwicklungswassers vergast werden. Zu diesem Zwecke ist auf dem Zwichenhahn U eine Zählvorrichtung angebracht, die die Zahl der Füllungen anzeigt. Sobald das rot angegebene Feld der Zählvorrichtung erscheint, ist dies ein Zeichen, daß nach Vergasung des im Behälter befindlichen Karbids das Entwicklungswasser erneuert werden muß.

Zur Schweißung benutzt man den Fouché-Brenner (ähnlich dem Daniellschen Hahn), bei dem der Sauerstoff unter $1-2$ at Pressung eintritt, durch eine injektorartige Einschnürung das Azetylen ansaugt und so für eine gute Gasmischung sorgt. Das Zurückschlagen der Flamme wird bei dem Brenner durch die Ausströmungsgeschwindigkeit von 100 bis 300 m/sec vermieden, sowie auch dadurch, daß die Leitung, die das Azetylen zuführt, in ein Bündel enger Röhren zerlegt ist, in denen die zurückschlagende Flamme durch den hohen Widerstand

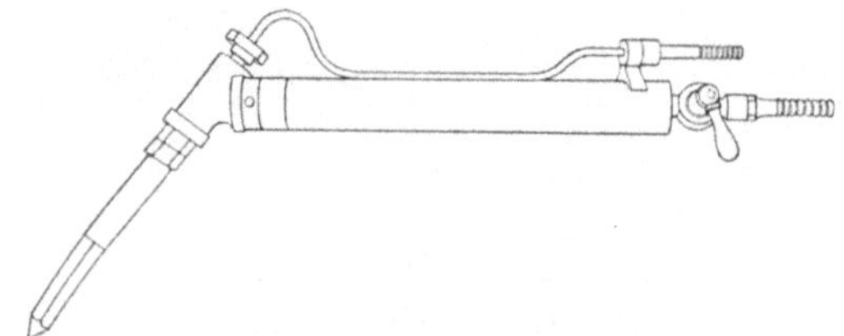

Abb. 101. Azetylenschweißbrenner.
(Nach Kautny, Leitfaden für Azetylenschweißung.)

erstickt wird. Ein drittes Rohr (Abb. 101) führt Luft zur Kühlung des Brenners zu, um eine Zerlegung des Azetylens (Rußabscheidung) zu verhindern. Das Mischungsverhältnis der Gase beträgt 1 Teil Azetylen und 2,5 Teile Sauerstoff, wodurch eine Temperatur von weit über 3000^0 erzeugt wird, die man, wie erwähnt, zum Verschweißen von Blechen über 10 mm Dicke gebraucht. Für die verschiedenen Blechstärken sind abweichende Gasmengen und daher zehn verschiedene Schweißbrenner erforderlich. Auch zum Schneiden wird die Azetylen-Sauerstofflamme gebraucht.

4. Elektroschweißung.

Die elektrische Energie wird bei drei verschiedenen Verfahren zum Schweißen verwendet.

a) Verfahren von Thomson.

Die zu verschweißenden Gegenstände werden durch unmittelbaren Stromdurchgang zur Weißglut erhitzt und in diesem Zustand durch Schlag oder Druck verbunden. Das Verfahren beruht auf dem Widerstand an der Stoßfuge, wodurch die erforderliche Wärme erzeugt wird.

b) Verfahren von Bernardo.

Die Bleche sind gut aneinandergepaßt mit dem einen Pol der Stromquelle verbunden. Mittelst einer isolierten Zange wird die mit dem anderen Pol verbundene Kohle dicht über die Schweißnaht gehalten; der entstehende Flammbogen erzeugt die Schweißtemperatur.

c) Verfahren von Lagrange und Hoho.

In einem großen, mit Pottaschelösung gefüllten Gefäß befindet sich als Anode eine Metallplatte, als Kathode das zu schweißende Arbeitsstück. Zersetzt man nun die Lösung mit einem Strom von 220 Volt, so bilden sich an der Kathode Wasserstoffblasen, die dem Stromdurchgang einen so hohen Widerstand entgegensetzen, daß eine Erwärmung eintritt, die zur Verbrennung des Wasserstoffs führt, wodurch dann das Arbeitsstück entsprechend erhitzt wird.

Empfehlenswerte Schriften.

Arendt, Rudolf, Technik der Experimentalchemie. Hamburg 1900. 3. Aufl.

Biedermann, Rudolf, Chemikerkalender. Berlin 1920.

Brand, Julius, Technische Untersuchungen zur Betriebskontrolle. Berlin 1913. 3. Aufl.

Dammer, Otto, Handbuch der chemischen Technologie. Stuttgart 1898.

Erlwein, Georg, Herstellung und Verwendung des Ozons. Leipzig 1912.

Heusler, Fr., Chemische Technologie. Leipzig 1905.

Holde, D., Untersuchung der Kohlenwasserstofföle und Fette. Berlin 1918. 5. Aufl.

Kautny, Th., Handbuch der autogenen Metallbearbeitung. Halle 1912. 2. Aufl.

—— Leitfaden für Azetylenschweißer. Nürnberg 1913.

Langbein, Georg, Handbuch der elektrolytischen (galvanischen) Metallniederschläge. Leipzig 1906. 3. Aufl.

Lubarsch, Oskar, Elemente der Experimentalchemie. Berlin 1904.

—— Technik des chemischen Unterrichts. Berlin 1889.

Lueger, O., Lexikon der gesamten Technik und ihrer Hilfswissenschaften. Stuttgart 1904—1910. 2. Aufl.

Meyer, Karl, Technologie des Maschinentechnikers. Berlin 1919. 4. Aufl.

Müller, Max, Anfangsgründe der Chemie. Berlin 1912.

Ochs, Rudolf, Einführung in die Chemie. Berlin 1920. 2. Aufl.

Ostwald, Walter, Autlerchemie. Berlin 1910.

Sackur, Otto, Einführung in die Chemie. Berlin 1911.

Schmitz, L., Die flüssigen Brennstoffe. Berlin 1919. 2. Aufl.

Stier, Georg Th. sen., Der praktische Werkmann. Leipzig 1906.

Stöckhardt, Emil, Lehrbuch der Elektrotechnik. Leipzig 1908. 2. Aufl.

Treptow, E., Wüst, F., und Borchers, W., Bergbau und Hüttenwesen. Leipzig 1900.

Wilda, H., Die Materialien des Maschinenbaues und der Elektrotechnik. Leipzig 1900.

Wiß, Ernst, Die autogene Schweißung der Metalle. Frankfurt a. M. 1909.

—— Das autogene Schneiden. Berlin 1909.

Sachverzeichnis.

(Die Zahlen bedeuten die Seitenzahlen.)